JN247287

行列のできるケーキ屋さんが教える

非常識な思考法

大濱史生
Fumio Ohama

信長出版

はじめに

「好きな仕事で、成功したい！」

「もっと、お金持ちになりたい！」

誰もが心の中で、そんなことを考えているのではないでしょうか。

だからこそ、この世の中には、たくさんの成功法則があふれているのです。

世界に名だたる大富豪が書いた王道の成功法則から、心理学、コーチングの専門家という立場で書かれたメンタルが基本になる成功法則まで。

そして、「成功するには学歴なんか関係ない！」という下剋上な人たちが書いた型破りな成功法則に、ネットビジネスで巨万の富を得た起業家たちによる今どきの成功法則まで、今、書店にはありとあらゆる種類の成功のルールがあふれかえっています。

でも、街の小さなケーキ屋さんが書いた成功法則は、まだこの世の中には存在していないのではないでしょうか？

そうなのです。きっとこの本が、日本で初めて街の小さなケーキ屋さんが書いた成功法則になるはずです（もしかして、世界でも初めてかもしれません！）。

さて、この本を手にされた方にとっては、「ケーキ屋さんが書いた成功法則って、それだけで何かちょっと変わっているよね」と思われるかもしれません。

実際に、私がこれからお伝えしていく成功法則は、私が街の小さなケーキ屋さんのオーナーという、成功法則をお伝えするにはちょっと変わった職業というだけでなく、その考え方はどれもがちょっと変わったものばかりなのです。

つまり、いわゆる王道を行く法則ではなく、常識を少し外れている考え方を実践してきたからこそ、私は成功できたのです。

そのあたりについては、本書を通して詳しくお伝えしていきたいと思います。

それではここで、簡単に私の自己紹介をしておきたいと思います。

私、大濱史生（おおはまふみお）は、街の小さなケーキ屋さん、「アンジェリック・ヴォヤージュ（〝天使の旅〟の意のフランス語）」のオーナーかつパティシエです。

約10年前にオープンした、函館の港と夜景が見える小高い場所に建つお店は、多くの人に愛されながら行列のできるお店として評判を呼び、現在では年間約20万人のお客様が全国から足を運んでくださるお店にまで成長しました。

特に、お客様が混み合う繁忙期には、お店の看板商品である「ショコラ・ヴォヤージュ（北海道産の生クリームと上質なガナッシュでつくった生トリュフ）」と、もう1つの看板商品である賞味期限30分の「もちもちクレープ」を求めて混み合う時には最長２００メートルもの行列ができるほどまでになり、遠隔地からもわざわざ訪れる人たちで常にお店はにぎわっています。

私はこれまで、お店の広告は一切打ったことはありません（まず、商売をする人間として、これが1つ目の〝ちょっと常識外れの〟ポイントですね）。

それでも、お客様の口コミが波及したおかげで、ネットの有名グルメサイトでも高評価をいただいたり、メディアからの取材依頼をいただくことも増えてきました。たとえば、全国ネット系のTV局のバラエティやワイドショーなどの番組に一度取り上げていただくと、自社サイトの通信販売には放映直後から注文が殺到し、商品の発送まで2カ月くらいお待たせしてしまうこともあります（通常は10日前後で発送できています）。

さらには、大手百貨店のバイヤーからの地下の食品フロアへの誘致や名産展などへの参加依頼なども後を絶ちません。

私は、百貨店への出店依頼をはじめとする店舗以外の場所での販売の提案なども、これまで、すべて断り続けてきたのですが（〝ちょっと常識外れの〟ポイントの2つ目ですね）、その理由なども後でお話ししていきたいと思います。

さて、行列のできるお店、「アンジェリック・ヴォヤージュ」が大好評をいただいていることで、昨年は、新たな挑戦として、もう1店舗、新しいお店をオープンしました。

新店舗の「アンジェリック（天使のような、の意）」は、本店のある函館市にほど近い北斗(ほくと)市にオープンしましたが、こちらのお店は、焼き立てのクレープを店内でイートインできるカフェスタイルのお店となっています。

この新店舗では、本店にはない商品（ガトーショコラとベイクトチーズケーキ）を販売していますが、この2軒目のお店も、新商品を求めるお客様たちですでに行列ができています。

さて、〝スイーツブームの到来〟といわれている昨今ですが、実は今、スイーツ業界は全体的にかなり落ち込んでいるのが実状です。

特に近年は、材料費や人件費の高騰化、安くて美味しいコンビニスイーツの台頭などもあり、街のケーキ屋さんの倒産が急増しているのです。

それなのに、どうして、私のお店は右肩上がりで年々着実に売上げがアップしているのでしょうか？

事実、帝国データバンクの調査によると、２０１９年における国内のケーキ屋さん、いわゆる個人洋菓子店の倒産件数は史上最悪であったというデータも挙がっています。

地元で長年愛されてきた老舗の街のケーキ屋さんや有名な和洋菓子店などがバタバタと倒産していく中、私のお店は、ありがたいことに不況知らずなのです。

今、私は小さな2つのお店の経営で年商1・5億円を上げながら、その半分を利益として計上できています。

この数字は、大企業の年商や利益とは比較できない数字かもしれませんが、個人が経営する店舗のビジネスとしては、かなり、いえ、相当上手くいっている方なのです。

また、国内における飲食店というくくりで見た場合でも、たとえ、店舗がオープンできたとしても、10年後に残っているのはほんの1割だけといわれています。具体的に言うと、オープン後1年以内の閉店率が35％、2年で50％、3年で70％、10年で90％なのだそうです。

このように厳しい状況の中、私が盤石なビジネスを実現し維持できているのも、先述のように「非常識な考え方」を日々実践しているからです。

いくつか、簡単にその例を挙げてみましょう。

たとえば、新たに店舗を興す時は借金をしてでも資金を投入して立派なお店をつくる、という常識を無視したり、お客様にとってあえて不便な場所にお店を作ったり、売れる商品だからこそ、あえて大量生産をしなかったりなど、私だけの考え方・価値判断基準に基づいたやり方でビジネスを行っています。

そんな私なりのルールは、本書の中では、自身の体験や視点から述べているものも多いのですが、それらは、他のすべてのビジネスにも適用できる考え方だったりもするはずです。

また、そんなちょっと変わった考え方は、ビジネスだけに通じるものではなく、日々の生き方や人間としての在り方にも通じるものだと信じています。

さらには、それらは、ちょっと変わったものであったとしても、決して奇をてらったものではありません。

どちらかと言うと、「儲かることだけを追求しよう」という、ある意味、究極の利益至上主義のビジネスマインドから少し道を外れたものの方が多いかもしれません。それでも、そんな自分なりの考え方が私を成功へと導いてくれたのは確かなのです。

実は私にとって、そんなちょっと変わった思考法は、最も私らしい無理をしないやり方でもあるのです。

「これまで王道の成功法則を試してみたけれど、今ひとつ上手くいかない」
「ビジネスを立ち上げたいけれど、どこからはじめればいいの？」
「お金がないところから、どうして事業で成功できたの？」
「人間関係に悩んでいるんだけれど、どうしたらいい？」

そんな疑問や、これまで失敗してきた体験を持つ人にこそ、私が日々実践してきた街の小さなケーキ屋さんの考え方や方法を試みてほしいと思っています。

ちなみに、私は本を読むのが大好きで、これまで約１０００冊以上を読んできましたが、本を読むことから学んだたくさんの知識や考え方が私の血となり肉となり、ビジネスや生き方に活かされています。

その中には、奇想天外なものもあるかもしれませんが、まずは、「こんな考え方ってあるんだ……」というところからはじめていただければと思います。

その上で、「これは面白そう！」「これなら、自分にも役立ちそう」というやり方があれば、ぜひ、あなたもトライしてみてほしいのです。

この本を手に取っていただいた方は、ケーキ屋さんではない人がほとんどだと思います。

でも、街の小さなケーキ屋さんが、資金ゼロからここまで大きくなれたのですから、きっとあなたにもできるはずなのです。

あなたが、どんな職業に就いている人であろうと、どんな目標や夢を持っている人であろうと、あなたは大きな成功を手に入れることができるのです。

さあそれでは、そんなあなたのために、街の小さなケーキ屋さんが実践する非常識な思考法を1つずつ、お話ししていきましょう。

大濱史生

目次

お客様が殺到する非常識な考え方とは？

第2章 人が育つちょっと変わった習慣

第3章 仕事を楽しむ！　遊ぶように働くワザを身に付ける

第4章 半径3メートル重視の人間関係術とは？

第5章 ラクして働くのは義務！　大濱流ラクラク仕事術

函館の港と夜景が見える場所に建つ小さなお店、「アンジェリック・ヴォヤージュ」

第1章

お客様が殺到する**非常識な考え方**とは?

ビジネスをはじめるときは、ミニマム(最小限)の精神で

自分でビジネスを立ち上げたい、という人は多いと思います。

けれども、ビジネスをスタートするには軍資金がない、ということであきらめてしまう人も多いのではないでしょうか。

特に、そのビジネスがどんな種類のものであれ、実店舗を立ち上げようとする人は、数百万から数千万円、場合によっては億の単位のお金がないと不可能だと思っていたりするかもしれません。

また、それくらいの資金があって初めてお店はオープンできるのだ、という考え方の方が世の中の常識であり、お金がない人が開店しようというのは無謀であり非常識だとされています。

事実、ケーキ屋さんをオープンしようと思えば、その土地やお店の規模にもよりますが、一般的には約3000万から5000万円くらいの開業資金は最低で

も必要だといわれています。

でも、私は「はじめに」でもお伝えしたように、**ほぼ資金ゼロからのスタートで事業をはじめました**。正確に言えば、私が独立時にお店をオープンするにあたって使ったお金は、たったの20万円だけです。

それは、私に資金がなかったから、というのもあるのですが、たとえどんなお店であっても、やり方によっては、お金はほとんど使わずにオープンすることは可能なのです。

私は、事業をスタートする際には、それが**どんなビジネスであれ、必要最小限のミニマムなところからはじめることが大事**だと考えています。つまりそれは、資金面からお店の規模、売る商品の数、人件費などを含むすべての要素を小規模レベルからはじめるということです。

それが可能なら、何かトラブルが起きても失敗やダメージは少なく、大きな痛手を負うことはありません。ビジネスは小規模からはじめると、後は大きく育っていくだけなのです。

「でも、どうしたら、お金をかけずにビジネスをスタートできるの？」

そんな疑問を持つ人のために、私がおすすめするミニマムな起業のポイントを次のようにご紹介したいと思います。

①出ていくお金を減らす

まずはシンプルに、出ていくお金を減らします。

ビジネスをはじめる人は、当たり前ですが「お金を稼ぎたい」ので起業するわけです。

でも、そのために、お金を使って起業の準備をしようとする人がどれだけ多いことでしょうか。この準備段階に大きな資金を投じてしまうと、お金を稼ぐどころか、お金は減っていくばかりなので本末転倒です。

そこで、「出ていくお金を抑える」ことを第一に考えます。

私の尊敬する実業家・作家の斎藤一人さんは、全国高額納税者番付の発表があった時代には毎年、その名前を上位ランキングに連ねていたほどの大富豪として知られている人ですが、そんなお金持ち、かつ商売のプロ中のプロである斎藤一人さんでさえも、「**お金を出す前に、知恵を出せ**」とおっしゃっています。

つまり、知恵を絞れば、お金がなくても起業は可能なのです。

逆に言えば、**お金を出せば誰もが起業できるわけであり、誰もができることをやるから、上手くいかない**、とも言えるのです。お金が出ていくばかりの人は、自分は知恵を出していないのだ、と認識すべきかもしれません。

独立をするにあたって、私が実際に出費を抑えるようにしたのは、次の2つの点です。

①自分と家族の住居兼店舗になる物件を選び、住居と店舗の2重の家賃が出ていくのを防いだ。

②開業に必要な設備やツールへの出費は、ミニマムに留めた。

店舗販売をするビジネスを検討している人なら、最もお金がかかるのは、お店作りの部分であることはご存じでしょう。

私の場合は幸運なことに、2階建ての一軒家で1階部分が元喫茶店だったという10坪程度で家賃が7万円の物件を見つけました。特に、喫茶店部分は、居ぬきのまま残されていたので、その空間をそのまま活かしてできることを考えよう、というところからスタートしたのです。

また、開業に必要な設備にしても、ケーキ屋さんなら完璧な厨房を作らねばならないと思っている人も多いはずです。でも、私が独立時に新しく投入した設備は、作業台の下に冷蔵庫がついている17万円のコールドテーブルだけです。その他の備品は、すべて１００円ショップで揃えたくらいです。

キッチン用具にしても、独立時には、すでにショコラ・ヴォヤージュを作ると決めていたので、必要なものはミキサーと冷凍庫だけでした。

最初から完璧な厨房を作ることを目指したら、それだけで何千万円もかかってしまいます。

確かに、フル装備の厨房でないと、たくさんの商品は作れないかもしれませんが、すべてのものが揃ってなくてもお客様を喜ばせるものは作れるのです。

大事なことは、ケーキ屋さんになりたいのなら **〝立派なケーキ屋さん〟になる必要はない**ということです。

最低限の準備さえあればケーキ屋さんになることは可能だし、料理屋さんなら、フライパン１つで作れる料理からはじめればいいのです。

「あれがないから、これができない」と言うのではなく、目の前にあるものでどうやってお客様を喜ばせられるか、ということを考える必要があります。

ある同業者の知り合いが数千万円もの借金をしてお店をオープンしたのですが、その人いわく、「借金は自分の子どもの代まで返す予定になっている」、と。

こんなふうに親子二代にわたってまで借金に縛られてしまうと、従業員への人件費も十分に出せません。また、たとえ従業員にはお給料はきちんと支払えても、お店のオーナーである自身のお給料はほとんどない状況にもなってしまいます。

せっかく独立してお店を持つという夢を叶えたのに、このような厳しい状況が待っているのなら、たとえ目標が叶ったとしても、未来には苦しい日々が待っているだけです。

ちなみに、私の場合は、独立時にはアルバイトをしながらお店をオープンしたので、何よりも生活費に困るということはありませんでした。生活に困らない、というだけでも精神的にも安定するので仕事に集中できるのです。

お店を立ち上げる時は、お金を稼ぐ前だからこそ、まずは、何よりも出ていくお金を抑えることを意識しておくべきでしょう。

②商品を1品に絞る

「自分のお店を持ちたい」という人は、当然ですが、何かしら自分が売りたい商品があるはずです。

そんな場合は、最初は1品のみで勝負をかけてみてください。


たとえば、ケーキ屋さんというと、ほとんどの方がショーケースにずらりと並んだ色とりどりのたくさんのカットケーキを思い浮かべるのではないでしょうか？

お客様の側からすれば、選択は多い方がうれしいのですが、実は、売る側にとってみれば、それらをすべて丁寧に作るのも売り切るのも至難の業なのです。

そこで、お店を立ち上げたいのなら、最初は商品ラインを広げずに、売れる1

品だけを目指した方が確実に生き残れることになります。

あの斎藤一人さんも、「1品が売れないのなら、何種類も売れるわけがないんだよ。まずは、1品から売る努力をしなさい」とおっしゃっています。

私の場合は、当初は観光客に向けて、お土産用に考案したショコラ・ヴォヤージュ1品を観光地での試食販売をすることからのスタートでした。

そのうち、お店にふらりと入ってこられたお客様に（前のお店が喫茶店だったので、喫茶店だと思って入って来られる方が多かったのです）、クレープを焼いて無料のサービスとして提供してみたら好評だったことから、次第にクレープもお店の定番商品となり、やがて口コミで火がついて行列のできるお店にまでなったというわけです。

現在、お店をオープンして10年目になりますが、今でもうちのお店はショコラ・ヴォヤージュとクレープの2品が相変わらずお店の主力商品です。

実は、カットケーキやバースデーケーキ、ホールケーキを販売していた時代もあったのですが、それらも約1年前に止めることにして、今では再び、主力商品と数種類の焼き菓子のみに絞っています。

1品だけを売る、ということは、他の**財料**（私は「材料」を自分の財産と同じくらい大切なものであるという意味を込めて、「財料」と表現しています）代もかからないのでコストカットにもつながります。

店舗を持ちたい人は、漠然と「お店を持ちたい」という目標でなく、**「自分は何を売りたい」のか、ということを最初にはっきりさせておきましょう。**

ただし、**「売りたいものと売れるものは違う」**ということも知っておきたいことの1つです。

たとえば、魚釣りをする時に自分が釣りたい魚があるならば、その魚の好きな餌をつけないとその魚は釣ることができません。

これは、商売においても一緒です。

いくら自分が「これを売りたい！」という商品があっても、お客様が欲しいと思う商品でないと売れないのです。

売りたいものを売るのではなく、お客様は何を求めているのか、ということを考えることも「たった1つの商品」作りには欠かせないポイントです。

行列ができるケーキ屋さんの非常識な思考法❶

ビジネスを立ち上げる時は、すべてミニマムのレベルからスタートする。
出ていくお金を抑えながら、商品を売るなら、
まずは、1品だけで勝負をかける。

アンジェリック・ヴォヤージュの２つの主力商品、「もちもちクレープ」（一番上の写真）と「ショコラ・ヴォヤージュ」（真ん中＆下の写真）

闘う相手を見極める——その上で相手と闘わない戦略もある

ビジネスにおいて、自分が闘う相手を見極めることは基本中の基本です。

これは、ビジネスだけに限ったことではありません。

自分が今、何を目標としていて、その目標をクリアして勝者になるために、どんな戦略を立てて動いていくのか、というのは人生のどんな局面にも言えることです。

ただし、とりわけビジネスの現場では、**「今、自分の競合は誰であり、その相手とどう闘うのか」ということを、必ず押さえておく**必要があります。

では今の時代において、ケーキ屋さんはどこと闘っているのでしょうか。

実は現在、国内のケーキ屋さんの競合は同業のケーキ屋さんではなく、コンビニエンスストア（以下、コンビニ）になっています。

というのもここ数年、コンビニの側が街のケーキ屋さんに真正面から勝負を挑んできているからです。

ご存じのように、コンビニのスイーツは気軽に買えるだけでなく、そのクオリティも今やケーキ屋さん顔負けの美味しいスイーツばかりです。コンビニの商品開発部の精鋭たちがリサーチを重ねた結果、発売される新商品は、普通のケーキ屋さんで作るには、ちょっと不可能な商品さえもあるくらいです。

実際には、コンビニはもはやケーキ屋さんをターゲットにしているというよりも、同じように美味しいスイーツをプロデュースする別のコンビニ会社と闘っているのです。

正直に言うと、一昔前のコンビニのスイーツは、ケーキ屋さんの作るケーキとは同じ土俵に乗れないようなイマイチなものが多かったような気がします。

コンビニだけに気軽に買える安さのせいか、素材の悪さが顕著にわかったり、大量生産されたことがわかったりする商品がほとんどでした。かつてのコンビニのスイーツは、本格的なスイーツが食べたくても食べられない時の代用品、みたいな位置づけだったように思います。

ところが今は、著名なパティシエがプロデュースした商品や、有名なお菓子・スイーツのブランドとのコラボ商品なども増えてきました。また、そのスイーツを作るためだけに資金を投入して、機械や設備から体制を整えて作っている、というのがわかるほど本格的なスイーツも増えてきたのです。

今ではコンビニのスイーツは、そのクオリティに合わせて値段も少しずつ上がり、コンビニなのにケーキ屋さん並みの価格のスイーツも増えてきました。

また、組織的に体力のあるコンビニは、常に旬の動きや流行を捉えた商品を生み出せるだけではなく、消費者が飽きのこないように季節限定・期間限定で次々とユニークなスイーツを提供し続けています。

たとえば、ローソンなら、ここ数年は高級チョコレートのブランドで知られている「ゴディバ」とコラボしたスイーツをシーズンごとに発売しています。
本格的なスイーツ好きやゴディバのファンなら、「この時期は、どんなスイーツを売っているのかな?」と気軽にコンビニに立ち寄って、400円前後でちょっぴりご褒美的なワンランク上のスイーツを楽しめるわけです。

今では、「コンビニのスイーツを見れば、流行っているスイーツがわかる」というほどコンビニはスイーツ業界の最先端を走っています。このようにコンビニ各社が業界を挙げて、手軽で美味しいスイーツのムーブメントを続々と生み出しているのが今の日本のスイーツ事情なのです。

こんな時代になってくると、誰がデパ地下でケーキを買おうと思うでしょうか。
さすがにコンビニよりも豪華とはいえ、デパ地下のショートケーキが1切れ1000円前後もする時代になった今、手土産などのお使い物として、または特別な機会を除けば、スイーツ好きなら十分に満足できる商品たちがコンビニに並んでいるのです。

このような状況は、街のケーキ屋さんにとって脅威でしかありません。

そこで、なんとかコンビニに対抗していこう、というケーキ屋さんもあります。

たとえば、あるテレビ番組で売上げが落ちてきた街のケーキ屋さんを取材していたのを偶然見かけたことがあります。

取材を受けていたお店の店主さんは、「これからはコンビニに負けないように、スマートフォンでできる電子決済なども導入して、今以上に便利にしていきたい」と語っていました。

けれども、街の一個人店が最先端のコンビニのシステムが提供する便利さに勝つことは到底、難しいのです。

だからこそ、私は**コンビニと闘うために、コンビニとは闘わないことにしたの**

です。

それはつまり、「コンビニの反対を行く」という戦略です。

一言で言えば、それは「コンビニエンス（convenience：便利）」の反対、いわゆる「インコンビニエンス（inconvenience：不便）」というコンセプトです。

①不便な場所がチャンスになる

飲食店の専門家のほとんどが「飲食店は立地が一番大事だよ」と言いますが、私の経験上それは違うと思っています。実は、**不便さこそがチャンスになる**のです。

まず、コンビニが、「近所にあるので、行きたい時にすぐ行ける」という距離感や便利さを訴求するのに対して、アンジェリック・ヴォヤージュは、函館の店舗と直営のネット通販だけでしか商品は手に入れられません。

思い立った時にすぐに手に入るものでなく、「遠くてもわざわざ行く」とか、「そこだけでしか、手に入らない」というような特別感や不便さをあえてお客様には感じてもらえるようにしています。

生活必需品はまさに生活に必要なものなので、消費者には便利さを提供しなければなりません。そこで、スーパーを人里離れた山奥に作るわけにはいきません。でも、スイーツやお菓子は生活必需品というほどでもなく、し好品や場合によっては贅沢(ぜいたく)品でもあることから、多少不便なところにあった方が、店舗やブランド、商品の価値を高めることができるのです。

②賞味期限30分を売りにする

また、コンビニでは当然ですが、商品を棚から手に取れば、すぐにそのままレジで買える「手軽さ」が売りです。

一方で、看板商品のクレープは、まずは行列に並んでしばらくの間待つ必要があります。さらには、順番が来たらやっとその場で注文を受けて作ってもらうという、「手づくり感」と「焼き立て感」が特徴です。

賞味期限30分の「もちもちクレープ」を求めて行列に並ぶ人々

そして、その場でできたてをすぐに食べていただく、「賞味期限30分」をアピールしています。

これらは、すべてコンビニ製品の真反対にあるコンセプトです。

また、コンビニでは常に期間限定として、また、季節ごとに商品が入れ替わっているのが普通ですが、うちのお店では、先述のようにクレープとショコラ・ヴォヤージュという定番の2品を柱に置き、長年、同じ商品で勝負しています（クレープなどは季節によって使う財料は変わってきますが）。

このように、**コンビニと闘うためには、コンビニと真正面から闘うのではなく、「コンビニができないこと」をあえて行う**のです。だからこそ、コンビニに勝てるのです。いえ、今では私のお店の商品は、コンビニとは違うマーケットにいる、と自負しています。

なぜなら、どんなにコンビニが力を入れたとしても、うちのお店のクレープにしても、ショコラ・ヴォヤージュにしても、同じ商品は提供できないのです。全国の街のケーキ屋さんがコンビニに負けて次々と倒産していく中、うちのお店は売上げも年々アップできているのは、コンビニの逆を行く戦法が功を奏しているのです。

もし、あなたが自分の闘う相手を定めたら、真正面から闘いを挑んでいくことも、1つの方法かもしれません。

でも、**相手の弱みや相手ができない部分を強みにして、あえて違う土俵で勝負していく、という戦略の方がよりスマートに、より簡単に勝ち抜くことができる**のだ、ということも覚えておいてほしいことの1つです。

行列ができるケーキ屋さんの非常識な思考法❷

闘う相手を見極めたら、相手と闘わない戦略もある。不便な場所での開業や「賞味期限30分」など競合ができないことにフォーカスするとサバイバルできる。

地方にこそチャンスがある

たまに知り合いから都心の店舗の物件の家賃を聞くと、ビックリすると同時に怖い時があります。

というのも、都市部においては、一般的に飲食店の家賃は少なくても月に数十万円かかるのが普通だからです。

もちろん、そんなに高い家賃でも調子が良い時は問題ないのですが、何か突発的な事が起きると都会の家賃の高さはビジネスを維持していく上で大きな痛手になります。

たとえば、２０２０年春からはじまった新型コロナウイルス感染症の影響により、飲食店をはじめとする多くの商業施設や店舗などのビジネスが大打撃を受けたのは誰もが知るところではないでしょうか。

でも、そんな事態に陥っても、家賃の安い地方のお店はそこまでの打撃を受けることはありません。

なぜなら、地方の店舗の物件は飲食店でも月に10万円以下の物件も多いからです。

また、今回のような事態で一時的に「稼げない時期」があったとしても、そんな時期もまた事業を続けていく上で大切な時期であったりもします。

このような時期こそ充電期間として捉えるのです。こんな時期には、多忙な時にできないことをこなしたり、改めて自分のビジネスについて振り返ることができるからです。

当然ですが、**商売は調子の良い時は利益が出ます。一方、悪い時には知恵が出せる**のです。この両方あってこそ、何事にも立ち向かえる力をつけることができるのです。

今の私があるのは、函館という人口約30万人規模の地方で都会でのビジネス展開に必要な資金を使うことなく、同時に調子の良い時、悪い時を私なりに乗り越えてきたからこそだと言えるでしょう。

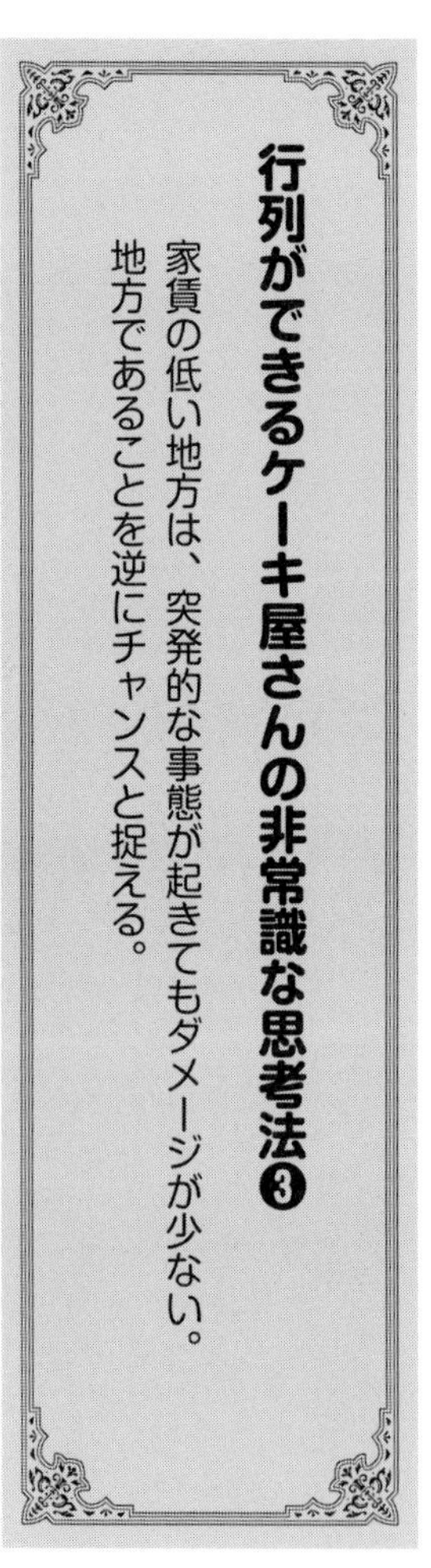

行列ができるケーキ屋さんの非常識な思考法❸

家賃の低い地方は、突発的な事態が起きてもダメージが少ない。
地方であることを逆にチャンスと捉える。

パクることからはじめたってOK

「パクる」とは、他の人のモノやアイディアなどを自分のものにすることです。

でも、なんだか「パクる」って、あまりいい言葉じゃないですね。

では、「○○から、インスピレーションを得た」「○○にインスパイア（別の人の考えなどに影響されること）された」と言われれば、いかがでしょうか？

今度は、なんだかとても創造性が豊かでクリエイティブな感じがしませんか？

実は、「パクる」も、「インスピレーションを受ける」も、「インスパイアされる」も言葉と表現が違うだけで、その程度の差はあれど、私はすべて同じことを意味していると思っています。

そういう意味において、**ビジネスには、「パクる」ことがあってもいい**と思っています。

以下、パクるという言葉のイメージが悪いので（笑）、「インスピレーションを受ける・得る」、という言葉を使っていきたいと思います。

実際に、この世の中にあふれている有形無形のプロダクトやコンテンツなどは、すべてがそれぞれ相互的にインスピレーションを与え、与えられながら、生み出されているものばかりです。

たとえば、私のお店は、「お鮨屋さん」がインスピレーションになっています。お鮨屋さんは、カウンターで注文を受けてから、鮨職人さんが握りたてのお鮨をお客様に提供します。

目の前に出されるお鮨は、それが新鮮なネタだからというだけでなく、それが自分のためだけに提供される世界で1つだけのお鮨だからこそ、美味しく感じられるのです。

そんなお鮨屋さんにインスピレーションを得たのが、看板商品の賞味期限30分の「もちもちクレープ」です。

来店されたお客様のオーダーを受けてから作り、焼き立てのものをその場でお客様に食べていただく、というクレープは、まさにお鮨屋さんと同じスタイルなのです。

それは、大量生産で作られるスーパーのクレープのお菓子とも違う、その人だけのために作られたものです。また、厨房で事前にまとめて準備されるクレープとも違う、1枚1枚が焼き立てほやほやのクレープです。

そんなクレープが普通のケーキ屋さんや洋菓子屋さんにあるクレープとは一味違う、ということで評判を呼び、私のお店は行列のできる店になったのです。

また、もう1つの看板商品であるショコラ・ヴォヤージュも、私が以前勤めていた会社で最初は似たような商品を作っていたものをアレンジして改良したものです。

その商品は、その会社では機械で作られていたのですが、私は密(ひそ)かに「いつか、これを手作りしてみたいな」と思っていたのでした。

そこで、独立した際に、1から手作り用に財料を見直して新たに生み出したのがショコラ・ヴォヤージュなのです。

ショコラ・ヴォヤージュは、チョコレートと生クリームだけで作るシンプルなスイーツです。

そこで、財料にこだわり抜き、フレッシュなものとして提供することで、まったく違う商品として生まれ変わることとなり、その美味しさが口コミとなってヒット商品につながったのです。

また、こんなふうにインスピレーションを取り入れるのは、ビジネスの現場だけではありません。

たとえば、今は亡き船井幸雄（経営コンサルタント・起業家・作家）さんが、ご存命の頃に「1日に3人の方に手紙を書く」ことを習慣にされている、というのを知った時には、早速私も同じことを試してみました。

「あんなに多忙な船井さんができるのなら、きっと自分にもできるはずだ」と思ったのです。

このような習慣なら、お金だってかかりません。

船井さんいわく、この習慣で新しい人脈が開けたとのことでしたが、私も同じように新しい人脈を築くことができたのです。


同様に、私に大きな影響を与えてくださったのは先ほどもご紹介した斎藤一人さんですが、**成功者である一人さんの考え方・習慣を真似していると、いつの間にか、自分の考え方や生き方が変わってくるだけでなく、きちんと目に見える形で実績と結果が残せるようになった**のです。

もちろん、いくらピン！と来たことでも、試してみると自分にはあまり合わないものもあるかもしれません。でも、自分にしっくりこないものは、どんどん切り捨てていけばいいのです。

大切なのは、**それらをまずはジャッジせずに取り入れてみる、ということ**です。

他の誰かや、何かの真似をすることはオリジナリティや個性の欠如だという人がいますが、学生時代を思い出してみてください。

誰もが皆同じ制服を着ていても、皆、それぞれ違う顔なので見分けがついたし、それぞれに個性があって、性格も違っていましたよね。

それと同じで、どんな人にもその人だけのオリジナリティがあるものです。

だから、自分ではいくら人の真似をしたと思っていても、それは、あなたという個人のフィルターを通すことで、あなただけのオリジナルな1品になっていくのです。

だからこそ、柔軟性を持ち、自分のアンテナをあらゆるところに張っておきたいものです。
ピン！と来るものを1つでも増やすために。

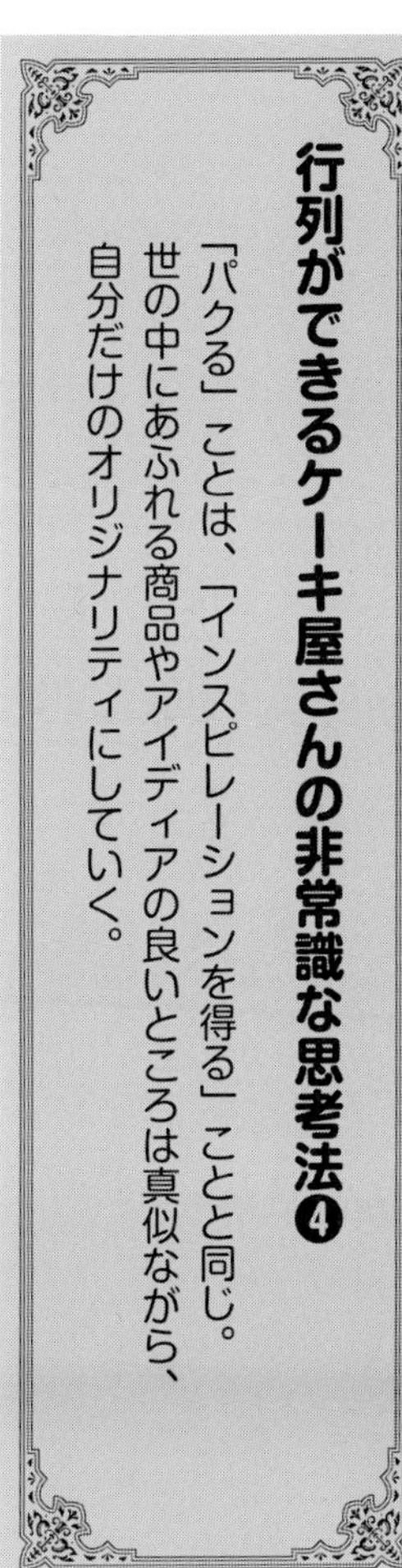

行列ができるケーキ屋さんの非常識な思考法❹

「パクる」ことは、「インスピレーションを得る」ことと同じ。
世の中にあふれる商品やアイディアの良いところは真似ながら、
自分だけのオリジナリティにしていく。

ファーストピンを倒すコツ――ネット時代の今は口コミが命

ボウリングをするときに玉を投げると、一番前に並んでいるピンが倒れれば、続けざまに後ろのピンが倒れていきます。

つまり、ファーストピンを狙って倒すことができれば、後ろのピンたちも上手く倒れていくのです。

近年、この「ファーストピンを倒す」ということは、最初の1本のピンを倒すことで、後ろにいる人たち全部を取り込める＝市場を制覇できる、という意味でマーケティング用語としても使われるようになってきています。

私のお店において、**このファーストピンにあたるものは、お客様の口コミ**です。すでにお伝えしたように、アンジェリック・ヴォヤージュは自社のサイトがある他は一切、広告はしていません。

従って、毎日、行列に並んでいただいているお客様たちは、リピーターの方々か、もしくは、一度うちのお店に来られた方からの口コミで訪れていただいた方たちなのです。

さて、ボウリングをされる人はご存じだと思いますが、ボウリングの玉の勢いにインパクトがないと、ファーストピンが倒れないどころか、玉は両端の溝に落ちてガーターになってしまいます。

つまり、口コミもインパクトのあるものでなければ、後ろのピンまで倒れていきません。言ってみれば、感想が「美味しかった」だと普通すぎて、インパクトがないのです。

また、口コミは口コミしやすい言葉でないと、伝言ゲームのように後ろまで伝わっていくことは難しくなります。たとえば、ムース系やモンブランなどいわゆる一般的なフランス菓子のケーキなどは、その味を表現するには意外にも複雑すぎて、たった一言ではちょっと言い表せなかったりします。

実は、この**「たったの一言」が口コミでは重要になってくる**のです。

そこで、事前に口コミになりそうなインパクトのある言葉を、こちらから提供しておくのです。すると、消費者の方は、その言葉をそのまま口コミに使ってくださるのです。

たとえば、クレープの場合は、その場で焼き立てをすぐに食べていただきたいので、**「賞味期限30分」**という言葉をこちらから掲げることにしました。この言葉は、お店の中やサイトにも掲示しています。

また、味についても、できるだけシンプル、かつ、広く伝播していけるような味を目指しました。

たとえば、クレープなら「もちもちで美味しかった」とか、ショコラ・ヴォヤージュなら「口の中でとろける」というような美味しそうな食感を他の人にも伝えやすい商品づくりを目指したのです。

また、その商品ならではのユニークな特徴も口コミの要素になります。

たとえば、クレープは注文を受けて作る時に、フランベ（洋酒をフライパンに落としてアルコールを飛ばす方法）のデモンストレーションを行うのですが、お客様はそれを見ることで、「炎が出たの！」などのユニークな感想をそのまま伝えていただけるのです。

こんな感じで、**最初から口コミをしやすい商品を作っておくことで、その口コミを聞いたり、読んだりした人は、「自分も食べてみたい！」と思ってもらえる**のです。

ネット時代の今、口コミは飲食店だけでなく、あらゆるお店の売上げから評判、人気までをも左右する大きな要因になっています。

特に、広告やＰＲに大きなお金をかけない場合は、口コミは重要なファーストピンになります。

私は、広告や宣伝などは自分ではやらないし、本来なら、やるべきではないものだとも思っています。

というのも、**お金をかければ誰もが実現できることは、あまり効果が期待できるものではない**のです。

たとえば、「私の店は美味しいものを売っています！　だから、ぜひ来てください！」と自分で自分のことを宣伝しても誰が信じてくれるでしょうか。

それよりも、そのお店のファンになってもらった人が「あのお店には、美味しいものを売っているよ」と言ってくださる方が、相手の人も耳を傾けていただけるというものです。

広告や宣伝はお客様に任せた方が効果絶大であるだけでなく、広告費もタダなのです。もちろん、そのためには、知恵を絞る必要があります。

とりわけ、ファーストピンにあたる人やファーストピンにあたる口コミの一言は、そのビジネスの未来を決定する大切なファーストステップになります。

ファーストピンは、いつ何時、どんな人がどんな形でファーストピンになっていただけるかわかりません。

1人のお客様の後ろには、その人の家族や友人、仕事仲間など、たくさんの人たちが連なっているのです。

そう思えればこそ、目の前におられる1人ひとりのお客様に感動を与えることを心がけたくなるはずです。

行列ができるケーキ屋さんの非常識な思考法❺

口コミの効果はネット時代には欠かせない。
ユニークで伝えやすい言葉が生まれる商品を提供することが、
ファーストピンにつながる。

ヒット商品をロングセラー商品にするコツ

「ヒット曲」とは、ある特定の曲が、ある一定の期間に流行することです。

つまり、ヒット曲とは、永遠には売れ続けないものです。でも、だからこそ、ヒット曲なのです。

なぜなら、そのヒット曲を聴けば、その曲が流行った時代を懐かしく思い出したりできるのですから……。

同様に、市場をにぎわすヒット商品たちは、一度注目を集めてヒットした後、市場から姿を消していくものも多いものです。

やはり、消費者は飽きっぽく、常に新しいもの、よりいいものを求めているからです。

そんな状況下で、新しい商品が市場に次から次へと登場してブームになっていく中、ある1つの商品がロングセラーを続けるのは、なかなか難しかったりします。

それでも、ヒット商品の中には一過性のヒットだけに終わらず、何十年間もロングセラーを続けるものもあるのです。

ではなぜ、そのヒット商品は、永続的に売れ続けているのでしょうか？

それは、**その商品に少しずつ時代に合った変化が加えられ、商品がアレンジされているから**です。でも、その変化は消費者には、はっきりとわかるものではなかったりするのです。

たとえば、あるインスタントラーメンだと、その時代時代に合わせて、味が少し調整されていたりします。健康志向の時代が到来すると、発売当時よりスープの塩分が少な目に調整されたり、化学調味料が天然の素材になったりなど、消費者のニーズに合わせて、ほんの少しだけの変化が加えられたりしているのです。

でも、消費者にはその変化がほとんどわからないので、「いつもと同じ変わらない味」として時代を超えてずっと愛され続けているのです。

ちなみに、うちのお店のヒット商品のショコラ・ヴォヤージュにも時代に合わせて〝ちょっとしたアレンジ〟を加えています。

たとえば、中身の生クリームなどは、世の中がヘルシー志向になってきていることで、以前に比べて脂肪分の少ない牛乳を使うようになりました。

また、ここ最近では、将来的にショコラ・ヴォヤージュの価値をもっと高めていきたい、と考えていることから、ショコラ・ヴォヤージュをほんの少し、一回り大きく作るようにしています。

もともとショコラ・ヴォヤージュは、1度に1粒、もしくは2粒くらい食べて満足するスイーツであり、パクパクと続けてたくさん食べるようなお菓子ではありません。

だからこそ、お客様にとって1粒で美味しく満足できる、というような商品にするために、ほんの少し大きめ、という形で提供することにしたのです。

これについても、常連のお客様であっても、この変化に気づいている人は少ないかもしれません。

でも、こちらとしても、お客様にとっては、いつもと同じショコラ・ヴォヤージュであってほしいので、それでいいのです。

今後も、レシピやパッケージを含め、商品をガラリと変えることはないものの、時代やマーケティングの方向性に合わせて、ショコラ・ヴォヤージュには少しずつ変化が加えられるかもしれません。

実は、**世の中にあるロングセラー商品こそ、常に進化をし続けている**商品でもあるのです。

お客様に「いつも変わらず美味しいね」と言われるために「変わっていく」、ということを覚えておいていただければと思います。

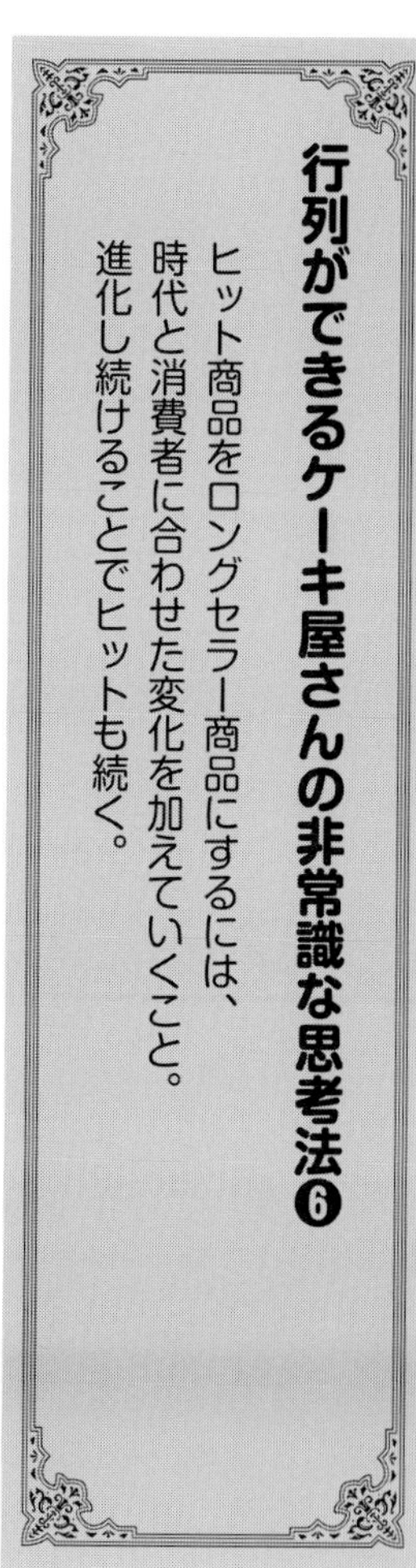

行列ができるケーキ屋さんの非常識な思考法❻

ヒット商品をロングセラー商品にするには、時代と消費者に合わせた変化を加えていくこと。進化し続けることでヒットも続く。

本当に信頼できるのは借金のない人

「私は信用があるから、銀行から数千万円ものお金を借りられるんだよ」と誇らしげに語る人を知っています。

確かに、「信用貸付」という言葉があるように、銀行では債務者にお金を融資する際に、債務者となる人がきちんと返済能力があるかどうかの信用を格付けした上で、お金を融資しています。

そこで、事業を興したい人なら誰でも、銀行からの条件をクリアすれば、数千万円のお金だって借りることは可能なのです。

ここで、ちょっと考えてみてほしいのです。

「信用があるから数千万円借りられるんだよ」という人は、お金がないので、自分の事業を興すために銀行からお金を借りようとしているわけですよね。

でも、本当に信用できる人なら、何よりもまず、人からお金を借りようとはしないのではないか、と私は思うのです。たとえ、それが銀行からであったとしても。

私はこれまでもお話ししてきたように、借金ゼロで事業を興してきました。

私は**商いをする上で一番大事なのは、「人から信用されること」**だと思っています。

仕事を一緒にするスタッフや、財料を提供してくださる生産者さんたち、通販の商品を全国に届けてくださる宅配便などの出入り業者さんたち、そして行列をつくってくださるお客様から信用されてこそ、ビジネスは上手く回っていくものだと思っています。

そして、信用とは一朝一夕で獲得できるものではありません。

さらには、長い年月をかけて信用を築いてきたとしても、もしも、何か1つ信用を失うような事件や出来事を起こしてしまうと、長年培ってきた信用は一瞬で消えてしまい、もう決して元に戻せなかったりするものなのです。

つまり、それほど信用とは商いにとって〝命〟なのです。

そんな私の考え方からすれば、**無借金の人こそが一番信用の置ける人**なのです。

銀行との関係で言えば、本当に信用できる人とは、銀行からお金を借りるのではなく、お金をバンバン預けられる人の方ではないでしょうか？

実際に私は融資を受けたことがないので、銀行の行員さんにはほとんど知り合いはいません。

それに、たくさんのお金を銀行口座に預けていたとしても、銀行の人は私の顔を直接知らなかったりするので、私が銀行へ行っても、銀行の偉い方がカウンターの向こうから挨拶に来てくれるわけではありません。

一方で、融資を受けている人は銀行にとって大切なお客様なので、そんな人が銀行へ行くと偉い人が挨拶にきてくれたりするわけです。

でも、それは単に貸付側と債務者としてのビジネス上の付き合いです。

銀行はお金を貸すのが仕事なので、お金を借りる人は銀行からすれば「いいお客様」なのです。

また、本来ならたくさんのお客様を増やすことが仕事である私たち商人が、銀行にお客様にされてしまったら恥ずかしいことなのです。

普通の人だったら、もしあなたが銀行から融資を受けて自社ビルを建てたとしたら、「立派な自社ビルだね！」などとほめてくれるかもしれません。

でも、**本当のプロとは無駄なものにお金をかけず、お客様を喜ばせている人のこと**なのです。

札幌で居酒屋を経営しているある知り合いの方がいますが、私の尊敬するその方は、まさに大商人と呼べるような商売のプロ中のプロです。

その方は私の店を初めて訪れた時に、「こんな小さな店でたくさんのお客様を喜ばせているなんてすごい！」と言ってくださいました。僭越ですが、こんなふうにプロからほめてもらえるようなお店でないとダメなのです。

それが本当の意味での信用というものだと思っています。

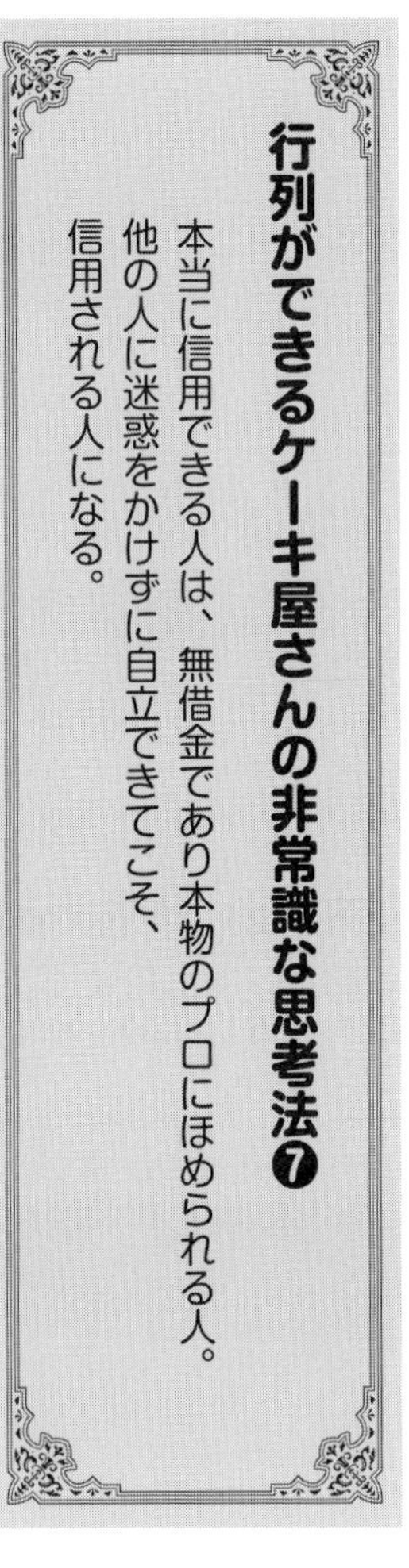

行列ができるケーキ屋さんの非常識な思考法❼

本当に信用できる人は、無借金であり本物のプロにほめられる人。他の人に迷惑をかけずに自立できてこそ、信用される人になる。

第2章

人が育つ
ちょっと
変わった
習慣

女性に思い切り活躍してもらう

「人を育てる」ということに関しては、私も自分自身で試行錯誤して学んできたタイプです。

特に、今のお店を持つ前に勤めていた会社における中間管理職時代は、上司と部下の間に挟まれたポジションにおいて、「人を育てる」ということに失敗した苦い過去があります。

けれども、これまでの経験を通してわかったことは、「**女性のスタッフに思い切り活躍してもらうと、すべてが上手くいく**」ということです。これは、私の職場だけに限らず、他のビジネスの現場でも同じではないでしょうか。

今、私の職場は、ほぼ女性スタッフばかりです。そんな女性たちは勤勉で努力家、仕事は丁寧でコミュニケーション能力も高く、一旦モチベーションが上がると忠誠心も高い、とどこを取っても優秀なのです。

もちろん、それぞれ得手不得手な部分はあったとしても、それでも総合的な能力は、男性と比べても女性の方が高いのではないか、と思っているほどです。

そんなデキる女性たちに組織の中で活躍してもらうことは、事業を成功に導く近道です。

ただし、そのためには、女性が活躍できるような環境をきちんと整えておかなければなりません。それができさえすれば、女性たちはこちらが期待する以上の能力を発揮してくれるのです。


まずは、そのポイントをお伝えする前に、私の失敗談からお話ししたいと思います。

私の修行時代、つまり、一昔前のケーキ屋さんをはじめとするこの業界の教育・指導の体制は、今とはまったく違うものでした。

かつては、ほぼ男性ばかりの伝統的な徒弟制度のような社会の中で、新人たちはケーキ作り・お菓子作りを体育会系のしごきのような中で必死に覚えながら一人前になっていく、というのが当たり前の時代だったのです。

そんな環境下で修行時代を過ごした私は、何か間違いやミスがあれば上司に怒鳴られたり、時には、手をあげられたりすることもしばしばでした。さらには、ケーキ作りの技術やコツも、師匠や上司から1から丁寧に教えてもらえるわけではなく、上の人の働く姿を盗み見ながら自分のものにしていく、というのが普通だったのです。

これがいわば、一人前のパティシエになるための〝職人の世界〟での学び方だったのです。

そんな厳しい世界で育ってきた私は、いざ自分の下に何人かの部下がつくようになった時に、自分が育ってきたのと同じようなやり方で部下たちに接してしまったのです。なぜなら、私はそれ以外の方法を知らなかったからです。

ところが、すでに時代は変わっていました。

すでに、私の部下は全員女性になっていましたが、そんな状況下で私は女性スタッフに厳しく接してしまったのです。

さすがに、手を上げることはありませんでしたが、指導をする時には怒鳴ったりすることもあり、そうすると「ゆとり世代」でのんびり育ってきた女性のスタッフたちは、次々に職場を去っていきました。

かつて、私が育った時と同じやり方は、もはや通用しなかったのです。

そこから壁にぶつかった私は、苦悩する日々を経て、**「まずは、自分が変わること」に気づいた**のです。

さらに、女性たちに気持ちよく働いてもらえる職場を目指して、改めて次の2点に改良を加えました。

①女性仕様の職場に変える

まず、**女性が働きやすい職場に変える、ということ**です。

ケーキ屋さんの仕事は、肉体労働そのものです。お店の裏側では重たいものを抱えたり、人間の身体ほどの大きさもあるミキサーのような機器を扱ったり、キッチンでは水仕事や火を扱う仕事があったりと毎日が重労働の連続です。

そこで、女性スタッフが重労働だと感じるような部分をできるだけ軽減できるような仕組みを作りました。

たとえば、お菓子作りに欠かせない砂糖や小麦などは、その袋だけでも、30キロの重さがあったりします。

そこで業者さんから納品してもらう際に、女性スタッフが取り扱いやすいように小分けにして納品してもらうのです。その分、少し料金は高くなりますが、女性たちが働きやすくなることを考えれば、そんな費用は安いものです。

女性たちが活躍できる職場づくりからはじめることで業績もアップ！

また、お菓子作りに欠かせない器具などは、やはり強い力が必要な男性仕様になっているものが多いので、それらも女性が扱いやすいようなサイズなどに作りかえています。

女性たちは細かいものを組み立てていくことは少し苦手なので、器具などもシンプルな工程で扱いやすいようにします。男性は小さい頃からプラモデル作りが好きだったりするように、機械を組み立てたりするのはそこまで苦ではないので、そのあたりは男性である私がカバーします。

このようにして、こちらの環境に合わせて女性スタッフに働いてもらうのではなく、こちらサイドから女性が働きやすい環境づくりをハード面から整えることにしました。

まずは、**女性スタッフにとってハード面で働きやすい職場にする、という部分は何よりも重要**です。

②女性をトップに起用する

日本で有名パティシエと呼ばれる人たちを見渡してみると、男性ばかりではありませんか?

そうなのです。これは、どこの業界でもそうかもしれませんが、やはり、組織のトップに立つ人は男性が多いものです。

ケーキや洋菓子の世界でトップに立つ人も同様に、ほとんどが男性であり女性はあまりいません。

ということは、女性たちがこの業界へ入ってくるときに、「どうせ自分は、上にまでは行けないだろう」と考えてしまうのです。

でも、そうなってしまうと、働くことに対してモチベーションが上がりません。

そして結果的に、仕事の内容も単調な作業や同じルーティンを繰り返すアルバイト的なポジションに自ら収まりがちになってしまうのです。

そこで、私はその部分にも改革を加えました。

女性に重要なポジションを与えることで、女性たちにもどんどん能力を発揮してもらおう、と思ったのです。

たとえば、先述の通り、私は昨年新しい店舗をオープンしましたが、そこの店長にはうちで長年働いてくれた女性を抜擢（ばってき）したのです。

「自分も豊かになりたい。上を目指すことで自分も、もっと成長したい！」

という上昇志向のある女性スタッフに、新しいお店の店長を任せることにしたのです。

任されたスタッフは、お給料も大幅にアップしただけでなく、責任のある立場になったことで、これまでケーキ屋さんの1スタッフという立場から店舗経営ビジネスをどのように大きくしていけばいいのか、というマネジメント的な視点を持つようになりました。

女性をこんな感じで重要なポジションに起用すると、他の女性スタッフたちにもいい影響が波及していきます。

「頑張れば、私にも次のチャンスがあるかもしれない」と思ってもらえるので、職場もより活性化するのです。

今後も、ビジネスを大きくしていく機会があれば、志の高い女性スタッフに重要なポジションを任せていく予定です。

もし、あなたがすでにマネジメント的な立場にいる方なら、女性たちが働きやすい環境を整えて、実力を思いきり発揮してもらうことで、さらに業績がアップするはずです。

その際にはぜひ、女性たちにも働く喜びを感じてもらえるように報酬アップなどの形で応えてあげてほしいと思います。

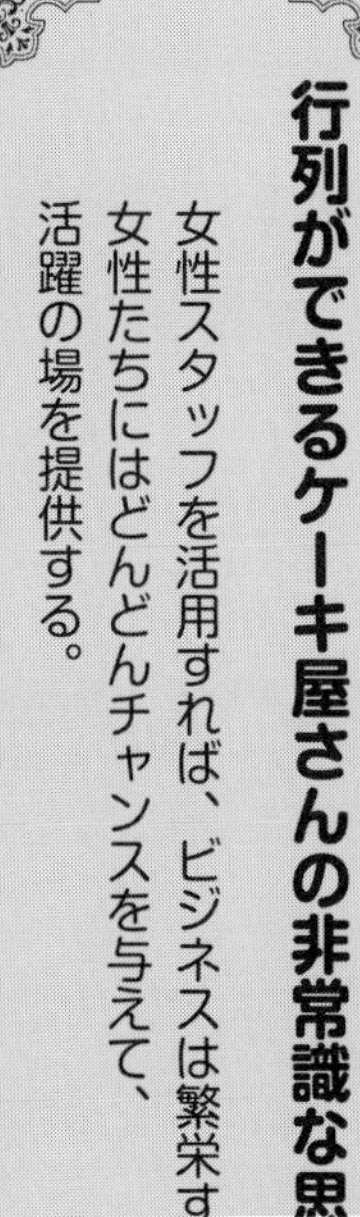

行列ができるケーキ屋さんの非常識な思考法❽

女性スタッフを活用すれば、ビジネスは繁栄する。
女性たちにはどんどんチャンスを与えて、
活躍の場を提供する。

スタッフの適材適所を発見する

人間は、1人ひとりがユニークな存在です。

それぞれその人だけが生まれ持った才能があり、個性があり、性質があります。

そんなユニークな個性が1つの場所と空間に集まって、1つのゴールに向かって進んでいくのが企業や組織なのです。

だからこそ、そんなユニークな人材を束ねる立場にある者は、会社や組織のために働いてくれるスタッフの適材適所を見極めておく責任があるのです。

それはつまり、**自分の下で働いてくれる人材が「何が得意で、何ができるのか」ということをきちんと知っておく、ということ**です。各々が組織の中で最もふさわしいポジションで働くことでその本人は輝けるのであり、また、本人もやる気と向上心を持って組織へ貢献してくれるようになるのです。

そして、そんな適材適所に配置されたスタッフがひとつにまとまったときに、その組織は業績を上げて大きく成長できるのです。

そんなことを教えてくれたのは、うちのお店のある1人の女性のスタッフのエピソードです。

そのスタッフは、どんな仕事を任せても、残念ながら今ひとつ上手くできない人でした。

何をやらせてもダメという人は珍しいのですが、それでも私は「頑張っているね」とほめ続けていたことで、そのスタッフは落ち込んで辞めることもなく、お店に勤務を続けていました。

そんなある日、私は彼女が最も得意とすることを、ある意外なきっかけで発見したのです。

それは、お店の外の車の交通整理です。実は、うちのお店には遠方からわざわざ車で来られる方も多いのですが、お店の前には専用の駐車スペースがありません。

そこで、週末などはお店の前が往来の車で混雑しがちになり、お客様の車を近隣の有料の駐車場まで誰かが案内しなければならないのです。

その誘導の仕事はある男性スタッフが行っていたのですが、その日は彼が休みだったことから、思い切って彼女にやらせてみたのです。

すると、彼女がとてもスムーズにお客様の車を誘導しながら交通整理をしていたのです。

彼女は、おしゃべりをすることが得意な人でした。彼女は、見知らぬ人たちとも気負わずにやりとりするコミュニケーション能力が高く、お客様たちを楽しそうに駐車場へと誘導しているのです。

その日以来、店内では何をやってもダメだった彼女が、お店の外で大活躍をすることになりました。

しばらくすると、お客様の中には「また、あなたに会いに来るわね！」と彼女を目当てに来店される方も出てきたのです。

いつの間にか彼女は、お得意様を増やし、お店の売上げにも貢献するようになっていたのです。

このエピソードからもわかるように、人はそれぞれ得意なことがあれば、苦手なこともあります。

手先が器用な人がいれば、力持ちもいます。計算が速い人もいれば、話すことが得意な人もいるのです。

また、ある1つのことを頑張れば頑張るほどに上達する人もいれば、どんなに努力しても、それが上手くいかないという人もいて当然なのです。

でも、そんな人にも、何かその人だけができる得意なこともあるはずです。

だからもし、あなたが経営者や部下を抱える立場にいるのなら、ぜひ、自分の社員やスタッフの個性を見つけてあげてほしいのです。

また、上の立場として、「この仕事をやらせるんだ！」という意識で下の人たちを統括しようとするのではなく、**「その人がどんな仕事に就けば、一番輝けるのか」という視点で彼らを観察してみて**ください。

そうすれば、必ずその人の適材適所が見えてくるはずです。

適材適所に就けたスタッフなら、きっと唯一無二の個性を発揮しながら、あなたの力になってくれるはずです。

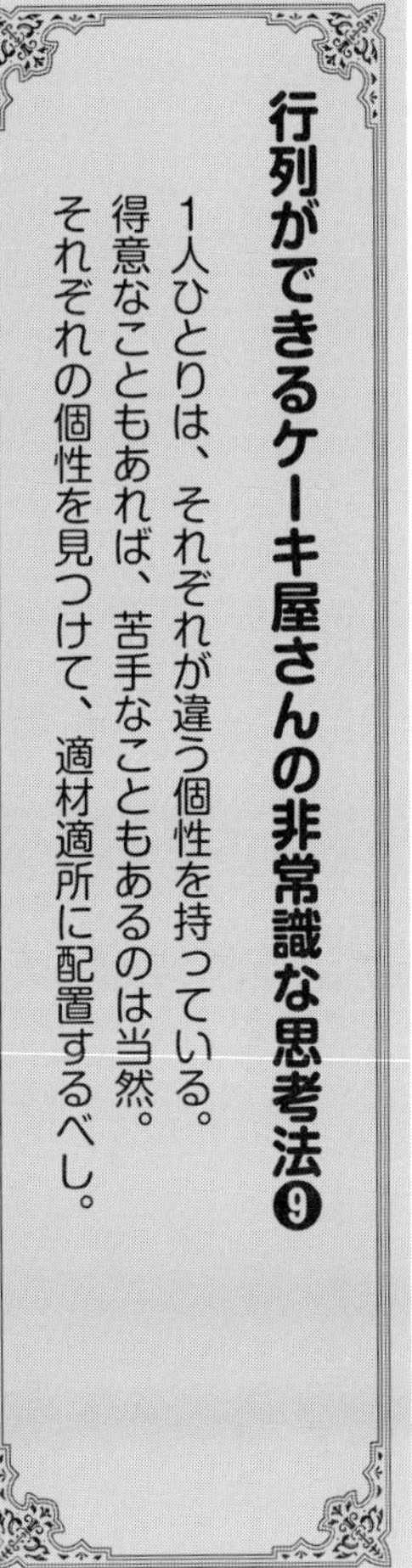

行列ができるケーキ屋さんの非常識な思考法❾

1人ひとりは、それぞれが違う個性を持っている。得意なこともあれば、苦手なこともあるのは当然。それぞれの個性を見つけて、適材適所に配置するべし。

本当の少数精鋭とは？

「少数精鋭」という言葉を知っていますか？

普通の人なら、少数精鋭という言葉を「人数は少なくても、選りすぐりの優秀な人が集まっていること」という意味で捉えているはずです。

要するに、この言葉を会社や組織の社員を例に当てはめて使うなら、「寄せ集めの大人数の社員がただ揃っているよりも、選び抜かれた少数精鋭で仕事をする方が業績は上がる」、みたいなニュアンスでこの言葉は理解されたり、使われたりしています。

でも、私にとっての「少数精鋭」は少し意味が違うのです。

私は実体験からも、**「人は少数精鋭へと育っていく」**のだと思っています。

私のように会社や組織を経営している人は、社員やスタッフを採用する際には、当然ですが、できるだけ使える人材を雇おうとするはずです。つまり、採用される人は、トップのお眼鏡に叶った優秀な人材、ということです。

基本的に、私のような比較的小さな規模の会社や組織の場合、人を採用する時には、最も忙しくなった時にきちんと事業や業務が回せる人数を採用することが多いはずです。

たとえば、平常時には5人でできる仕事が、多忙になった時には7人必要になってくるのなら、業務にミスや不備がでないように、大事をとって7人ほど採用するのです。

けれども、商売とは常に毎日が多忙な日ではないのが実情です（もちろん、毎日が多忙であってほしいし、それが理想なのですが）。

そうすると、多忙でない時期がしばらく続いたりすると、少数精鋭の優秀なはずだった7人にも怠け癖がついてきたりするのです。

そして、一旦そうなってしまうと、忙しい日にもだらけてしまいがちになり、仕事の能率も悪くなると、職場の雰囲気も次第に悪くなっていくのです。

そこで私の場合は、逆の発想をします。

まず、いざ多忙になった時のことを考えて最初から7人を採用するのではなく、平常時の5人でなんとか多忙時を乗り切ろうと、5人のみを採用するのです。

すると、忙しくなると7人で回すべき仕事の量を5人で行おうとすることから、各々の仕事の量も増えて、確実に1人ひとりに負担が生じてしまいます。

結果的に、そんな重労働に耐えられずに5人のうち2人が辞めてしまい、スタッフは3人のみになってしまうのです。

ただし、その残った3人は大変な働き者たちなのです。

そして、いつしか気がつけば、多忙時には7人で行う仕事を3人でもラクラク回せるようになっているのです。

いわば、**危機的状況を乗り越えてきた残った3人には、いつの間にか少数精鋭としての力が備わっているの**です。

しばらくすると、新たに2人の人員を補充するので、再び5人体制に戻ります。すると、新人の2人は、恐ろしいほど仕事のできるこの少数精鋭の3人の働き方を見て育つのです。

彼らは、自分たちも先輩と同じようにスキルアップしようとしたり、仕事の効率化を図ろうとしたりして、自ら努力するのです。こうして、新人の2人も恐ろしく仕事のデキる少数精鋭に育つのです。

実際に、**私が人材を採用する時には、仕事のできる優秀な人、という観点からは採用していません**。

というのも、優秀な人は自分で自分に能力があることをわかっているので、自分が引く手あまたであることを知っています。私は誰もがそんな人を欲しがるのなら、この私が採用するのではなく、条件のいい所へ行った方がいいとさえ思っています。

だから、私のお店で採用される人たちは、いわゆる未経験者を含む普通の人たちがほとんどなのです。

それでも、そんな普通のスタッフたちが、いつの間にか驚くほど仕事のできる人材に育っているのです。

少数精鋭であるほど、人件費もかかりません。

だからこそ、少数精鋭で働いてくれるスタッフたちに、私はできるだけお給料などの形で感謝を表すようにしています。

この少数精鋭の考え方は、もともとは斎藤一人さんがおっしゃっていたことなのですが、私はこの考え方を実際に実践してみて、本当に効力があることを身を以て体験しました。

もしあなたが、私と同じように人を採用する立場にある人なら、この斎藤一人さん流の「少数精鋭」の考え方をぜひ試してみてほしいと思います。

きっと、予想を超えたうれしい結果をあなたも目にするはずです。

何よりも、〝普通の人〟が少数精鋭に育っていく様を見ているのは、経営者冥利に尽きるはずです。

行列ができるケーキ屋さんの非常識な思考法⑩

少数精鋭とは、優秀な少人数で闘うことではなく、普通の人が少数でも力をつけながら精鋭に育っていく、ということ。

大人だって、ほめて伸ばす

「ほめて伸ばす」というと子育てのようですが、実際には大人だってほめるとグンと成長します。

ただし、大人の場合は、小さな子どもに対して「ほめる」ようなほめ方ではなく、ほめ方のツボを押さえる必要があります。

要するに、何かができたらほめ讃え、できなかったら叱る、というような子どもに対する「ほめる」「叱る」ではなく、大人に対しては、その人ができないことも個性として受け止めた上で、**「その人のことを、きちんと認めてあげる」ということを「ほめ方」をする**のです。

前項で、「スタッフの個性を見つけて、適材適所に配置する」とお伝えしたように、その人の得手不得手を承知した上で、その人の一番いいところをほめながら伸ばしていければ、というのが狙いです。

でも、「ほめる」って難しいですよね。

人間とは、人の悪いところはすぐに目につくのに、良いところは探さないと見つからなかったりするものです。

だからこそ、常に**「その人の良いところだけを見よう」という意識を持っておく**のです。

また、人間には、誰しも自己承認欲求というものが備わっています。

1人ひとりが無意識レベルで、それぞれ口に出さずとも、「私はここにいる」「僕は、ここに存在している」と自己主張しているものです。

そんな心の叫びでもある自己承認欲求はきちんと認めてあげると、その人は、自分で自分の存在価値を感じられるのです。そして、それが可能になると、自分の〝できること〟を世の中や周囲に対して発信したり、貢献しよう、という意識になれるのです。

だからこそ私は、お店で働くスタッフたちを何かにつけて、「ほめる」＝「その人を認める」ようにしています。

スタッフたちが1つ1つ自分のハードルをクリアしているのを目にするたびに、私はほめることを習慣にしています。

やはり、会社や組織で働いている人にとってみれば、そこの一番上の人からほめられることが一番うれしいものです。

かつて、私が独立前に別のケーキ屋さんに勤務していた頃、下のスタッフたちをほめてもあまり喜んでもらえませんでした。でも、社長になった今、スタッフたちのちょっとしたことをほめるだけで、とても喜んでもらえるのです。

私は、「**社長の仕事は、社員・スタッフをほめることである**」とさえ思っています。

また、私からだけでなく、他のスタッフにも「○○さんが○○できたら、ほめてあげてね」と伝えるようにしています。こうして、私からだけでなく、スタッフ全員がお互いをほめあう文化がうちのお店にはできあがっています。

正直に告白すると、実は私自身、修行時代から独立するまでの間、上司からほめられたという記憶があまりないのです。

自分なりに、「これはほめてもらえるかな」と思うことがあっても、ほめられたことはほとんどなかったのです。

「あなたが最近ほめられたのはいつですか?」

そんな質問をすると、意外と答えられない人の方が多いのではないでしょうか。ということは、ほめられたい人はたくさんいるのに、ほめる人の方が少ないということなのです。

だからこそ、人はちょっとほめただけでも、とても喜んでくれるのです。それに、人からほめられて、嫌な気分になる人はいないのではないでしょうか。もしそうなら、ほめない手はないのではないか、と思うのです。

また、私の〝ほめ方〟は、口頭だけではありません。

各スタッフのいいところ、ほめたいところをそれぞれ紙に書き出して事務所の壁に貼っているのです。

たとえば、「〇〇さんは話が面白いから、一緒にいると笑顔になれる。皆の人気者」とか、「〇〇さんは、いつも皆の手伝いをしてくれる、気遣いのできる心優しい人」などそれぞれの長所、ほめたい点を紙に書いて貼っています。

すると、書かれた本人からはそれを見て喜んでもらえるだけでなく、「私って、そんなところがあるんですね」と、改めて自分の長所に気づいてもらえたりするのです。やはり、自分の良いところは、意外にも自分自身ではわからないものだったりするのです。

また、スタッフがそれぞれお互いの良さを確認し合うことで、「○○さんのような気遣いが自分もできるようになろう」とか、「忙しい時でも、いつもニコニコできる○○さんってすごいな！」と改めて他の人の良いところを見て自分に足りない部分に気づいたり、「自分もこうなりたい！」と思ってもらえたりするのです。

ほめることは、職場がスムーズに回っていく潤滑油みたいなものです。

だから私は、これからも、もっともっと周囲の皆をほめていきたいと思っています。

実は、ちょっと恥ずかしいのですが、私は自分のこともしょっちゅうこっそりほめています（笑）。

たとえば、日常生活の些細(ささい)なシーンで、何かするたびに「俺ってすごいぞ！　よくやったね」とか、「やっとこれができたね！　俺ってエライじゃん！」などと自分で自分のことを何かにつけてほめているのです。

もちろん、他の人には聞こえないようにほめているのですが（笑）、こうやって自分のことだってほめる習慣をつけていることで、より他の人のことも自然にほめられるのです。

上の立場にいる人で、部下のことをほとんどほめない人がいます。

でも、**社員やスタッフたちをほめて、失うものはない**はずです。

社員やスタッフたちをほめ讃えて、気分をアゲてバリバリ働いてもらえる方がよっぽど大きなリターンがあると思いませんか？

「でも、人をほめるのって、ちょっとはずかしい」

そんなほめベタな人は、まずは、自分自身のことを、こっそりほめるところからはじめるのもいいかもしれません（笑）。

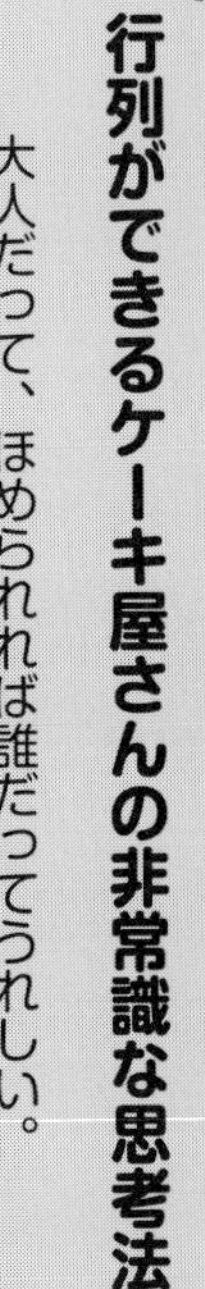

行列ができるケーキ屋さんの非常識な思考法⑪

大人だって、ほめられれば誰だってうれしい。
ほめることは、その人の存在を認める、ということ。
ほめることが下手な人は、自分のことからほめてみよう。

感謝することを教える

「お給料をもらったら、社長の私に〝ありがとうございます〟と言うように!」

これは、私がうちのお店に採用が決まった新人たちに伝えておく言葉です。実際には、すでに面接の時点でこのことを彼らには言い聞かせておきます。

「〝ありがとうと言え〟なんて自分の口から言うなんて、なんだかちょっと、恩着せがましいんじゃないの?」

と思う方もいるかもしれません。

また、働いた労働の対価として、お金を受け取ることは当然だから感謝する必要はない、と思われるかもしれません。

でも、初めて社会に出て働くアルバイトの学生さんをはじめとする若いスタッフたちに、「働いてお金をいただくということは、とてもありがたいことなんだよ」

「お金をいただくということは、当たり前のことではないんだ」ということを改めて知っておいてもらいたいのです。

これもすべて、いつかそのアルバイトさんがうちのお店を辞めて他所へ行ったり、学生を終えて就職したりして本当に社会に出た時に役立つことだから伝えておきたいのです。

本音を言うと、私自身が「ありがとう」と言ってもらいたいわけではありません（もちろん、そう言っていただくと、とてもうれしい気持ちになるのは事実です）。

でも、この教えを実践して、きちんと感謝ができるようになったスタッフたちは、うちのお店を辞めた後にどこに行っても、「この子はできる！」とか「この人はいいね」と重宝されているようです。

私のお店にいた元スタッフたちは、たとえ違う職場に変わったとしても、お給料の翌日にその会社の社長さんや経営者にあたる人に、「お給料をいただき、ありがとうございました！」と言う習慣が自然についているらしいのです。

するると、そう言われた社長さんや経営者の方たちは、とても驚かれ、喜ばれるそうです。

なぜなら、その会社の他の従業員たちは、「働いたんだから、お金はもらって当然」としか思っていないので、彼らにとって、そんな感謝の言葉を聞くのは初めてだったりするからです。

すると、そんな〝普通ではない〟ことを言う人材がほっておかれるはずはなく、元スタッフたちは、新しい職場でも重用されていると聞きます。

そして、**そんな習慣が一度身につくと、それらは、普段の生活にも活かされるようになります。**

たとえば、スタッフたちと一緒にお店に食事に行く機会があると、食事の後、彼らはお店の人たちに向かって、「美味しかったです」「ご馳走様でした」「また食べに来ますね！」などと、皆がそれぞれ口々に感謝の言葉を伝えているのです。するると、お店の人たちもとてもうれしそうにしています。でも、そんな光景を見て一番うれしいのは、他の誰でもないこの私です。

また、スタッフたちに「来店されるお客様からの言葉で一番うれしい言葉って何？」と尋ねると、やはり、「美味しかったよ、また来ますね！　という言葉です」と答えるのです。

ということは、**自分が言われてうれしい言葉は、まず、先にこちらから使っておきたい言葉**でもあるのです。

人から何かをもらったり、何かのサービスを受けたりしたら、きちんと「ありがとう」と感謝の気持ちを伝える。

そんな当たり前でシンプルなことが、意外にもできない人が多いものです。

でも、「ありがとう」の言葉ほど、人を幸せにする言葉もないのです。

だからこそ、社会に出るか出ないかというまだ若い人たちには、私から最初にこの言葉の大切さを教えておきたいのです。

彼らの未来が大きくプラスの方向に働いていく、〝魔法の言葉〟を上手に使いこなしてほしいのです。

もっともっと愛される人になれるように、という願いを込めて。

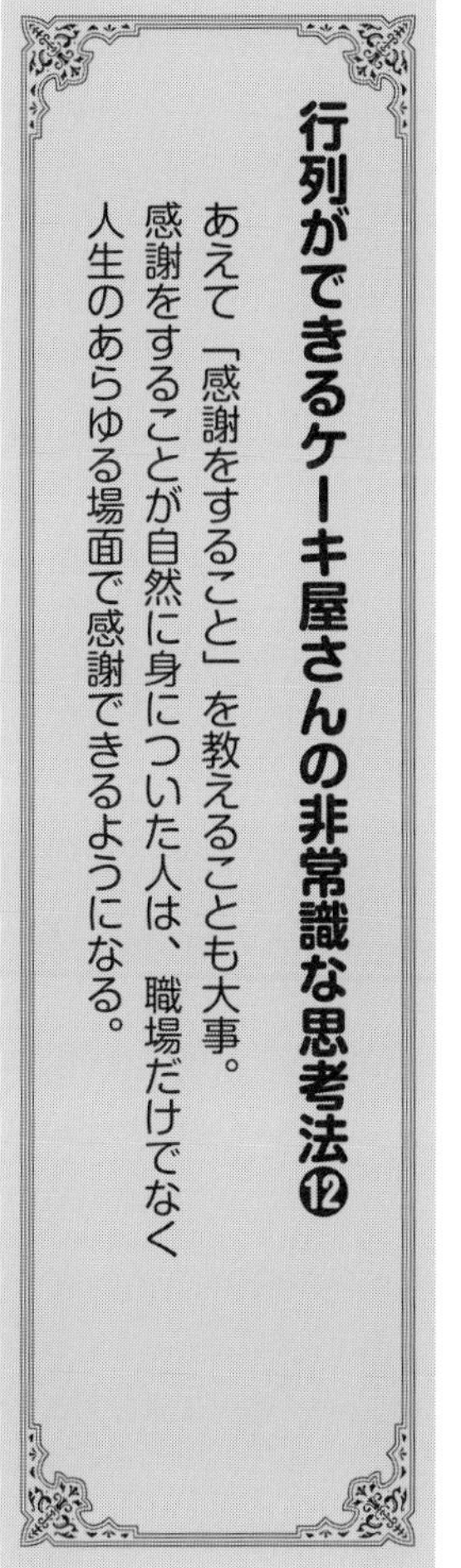

行列ができるケーキ屋さんの非常識な思考法⑫

あえて「感謝をすること」を教えることも大事。
感謝をすることが自然に身についた人は、職場だけでなく人生のあらゆる場面で感謝できるようになる。

第3章

仕事を楽しむ！遊ぶように働くワザを身に付ける

バタバタ感を目指せ！

仕事をしていてどんな時が楽しいかと聞かれれば、それは決まって忙しい時です。

うちのお店の場合なら、お客様の行列ができて、店内がてんやわんやになりながらもバタバタ感がある時、スタッフたちはイキイキと楽しそうに働いています。商売が繁盛して忙殺される様子を「うれしい悲鳴」と表現したりしますが、まさに文字通りなのです。

お店のスタッフ側からすれば、忙しさはビジネスが上手くいっていることを意味しますが、お客様の側もお店のそんな活気を感じ取ると、その雰囲気が伝播していきます。

また、お店の忙しさとは、そのお店が人気のある美味しいお店（飲食店の場合）

であることを証明していることにもなります。
お客様の方にもそんな活気が伝わっていくのか、お客様たちも行列が少しずつ前に進み自分の番が近づくドキドキ感、クレープを焼く香ばしい匂いが漂ってくるワクワク感などを味わいながら、楽しそうに行列に並んでくださるのです。

こんなふうに、繁盛しているお店には活気のあるバタバタ感があるのですが、**実は、この〝バタバタ感〟はこちらから演出することも可能**なのです。そして、その演出が本当の忙しさを呼び込むことにもなるのです。

バタバタ感をつくるには、私も日々実践していますが、それは、**①スタッフの笑顔と大きな声、②狭い店舗**、という2つのポイントです。

まず、笑顔の大切さは、もはや説明はいらないでしょう。お店のスタッフが満面の笑顔と大きな声の挨拶でお客様を出迎えたり、スタッフ間でも大きな声で元気よく業務のやりとりをしたりすることで、お店が息を吹いたように活気づいてきます。

元気で明るい雰囲気のお店は、道行く人たちを「ちょっと入ってみようかな」と磁石のように店内に引き付けるのです。

また、ケーキ屋さんやパン屋さんのようなお店は、店内が大きくないとお客様が2人くらい入っているだけでなんだか混雑しているように見えます（実際にスペースが狭いので混雑していると言えるのですが）。

そして、その混雑感が道行く人の目に留まると、「このお店は人気があるのかな？」「何を売っているお店なんだろう？」と好奇心を持っていただき、お店に入ってくださるのです。

つまり、店内のお客様が通りを往来するお客様を呼び込みはじめるのです。そうすると、小さいお店ほど、わずかなお客様がいるだけで混雑感を醸し出せるのです。

実際に、私のお店も開店当初は、元喫茶店の居ぬきのスペースをそのまま残した店舗にしていたので、お客様が間違ってふらりと入って来られることがよくありました。

そこで、その方にカウンターに座っていただき、クレープとコーヒーを無料で、そしてショコラ・ヴォヤージュを1つサンプルとして添えて提供していました。

すると、やがてそのサービスが人気を呼び、にぎやかな店内の様子を外から見た方がまたお店に入って来られる、というお客様の連鎖がはじまったのです。

そんなことから、いつしかクレープも実際の商品として有料化することになり、やがて、本格的に行列をつくるお店へと変わっていったのです。

バタバタ感があるお店は、まるでそれが〝風水の法則〟であるかのように、どんどんとお客様を呼び込みます。

一方で、暗い雰囲気のお店には、誰だって足を踏み入れたくないものです。

だからもし、店舗を経営していて「お客様が来ない！」と閑古鳥が鳴いていることを嘆いている人がいるのなら、笑顔と大きな声出しを今すぐはじめてみてください。まずは、あなたの内側からチカラが湧いてくるはずです。

また、店舗を新たに作ろうとする人なら、広すぎない店舗で混雑感を演出する、というのも1つの方法です。

店舗に投資する資金も少なく済むことで、一石二鳥です。

バタバタ感は自らつくって、どんどんお客様を呼び込みましょう！

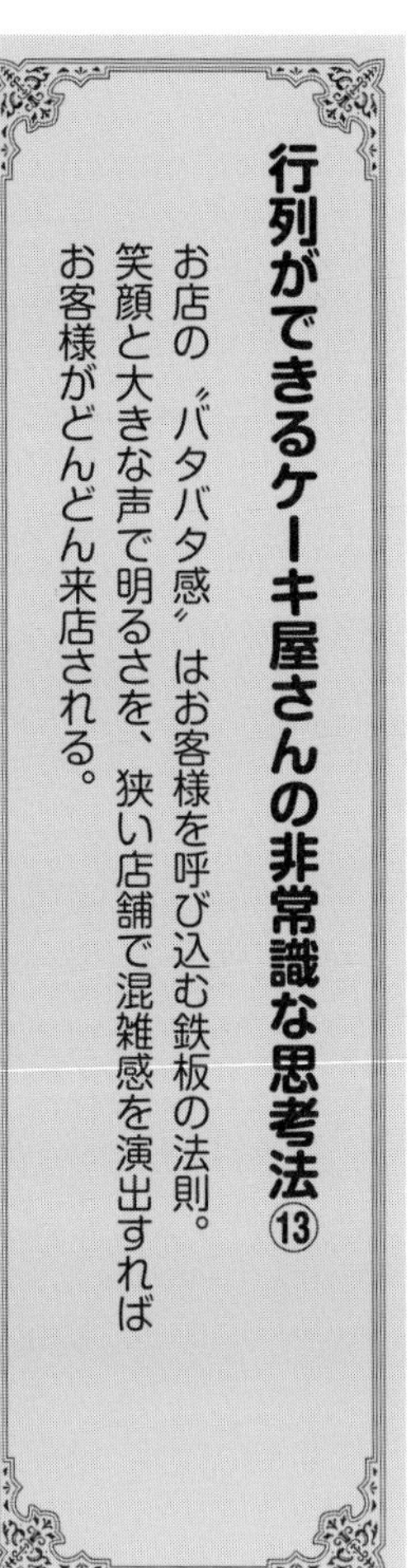

行列ができるケーキ屋さんの非常識な思考法⑬

お店の〝バタバタ感〟はお客様を呼び込む鉄板の法則。
笑顔と大きな声で明るさを、狭い店舗で混雑感を演出すれば
お客様がどんどん来店される。

趣味はとことん本気で遊ぶ

あなたには、趣味がありますか？

それは、どんな趣味ですか？

あなたにとっての趣味は、あなたがそれを自分の趣味にしているくらいなので、きっとそれは自分にとって楽しく過ごせる憩いの時間なのでしょう。


では、あなたはその趣味をどれくらい楽しんでいますか？

それは、ちょっとしたリフレッシュや気分転換としての趣味ですか？

それとも、仕事合間の癒(いや)しの時間としての趣味ですか？


もし、あなたに趣味があるのなら、それをとことん本気で楽しんでみてほしいのです。なぜなら、**あなたが夢中になれる時間からは、きっと新しい何かがはじ**

まるからです。

本当のあなたでいられる趣味の時間は、あなたの仕事に活力を与えてくれるだけでなく、あなたの仕事にも大いにヒントを与えてくれるはずです。

ちなみに、私の趣味は釣りです。

私は、釣りをとことん本気でＭＡＸレベルまで楽しんでいます。

函館に住んでいる私は、海へ出かけて船に乗ってイカ釣りをしたり、マグロを釣ったりするのが大好きなのですが、「私は釣りが趣味です」くらいだと、まだよくある普通の趣味だと思われるかもしれませんね。

でも、イカ釣りで大漁にイカが釣れたりすると、自分で塩辛を作ったりもするのです。

ここまでお伝えすると、「ちょっとツウな趣味だな」と思われるかもしれません。

でも、このあたりまでなら、まだ同じように趣味として楽しまれている人も多いと思うのですが、私の場合は、さらにもう1歩踏み込んで、この趣味を極めています。

たとえば、私は作った塩辛を瓶詰めまでして、「大濱水産」というラベルまで作って瓶に貼り、まるで、お店で売っている本物の商品のように仕上げて、友人や知り合いに配るのです（もちろん無料です！）。

どうしてそこまでするのか、と言われるのならば、それは単純に楽しいからです。

それに、塩辛を贈られた人たちが、とても喜んでくださるのを見るのが私もうれしいからです。

受け取る方も、塩辛がビニール袋にそのまま入ったものを受け取るより、ちょっとクスっと笑えるパッケージの瓶に入ったものを受け取る方が絶対楽しいし、うれしいに決まっているのです。

もちろん、ここまで趣味を極めようとすると、時間も手間もコストもかかります。

たとえば、瓶代や瓶に貼るラベルのデザイン料や印刷代だってかかるし、瓶を消毒したりなど、かなり大変な作業も増えます。

それでも、イカ釣りという趣味を楽しむなら、私はここまで徹底的に楽しみたいのです。

同様に魚を釣ってきたら、捌いて干物を作って魚屋さんのようにパッケージ化して皆に配ったりもします。まぐろが釣れれば、〝まぐろ祭り〟と銘打って、皆で集まって宴会もします。

これらは、あくまで趣味の域であり遊びの一環です。

でも、こんなふうに、趣味をとことんまで極めていると、大いにリフレッシュできるだけでなく、いざ、お店で新商品を開発するときのパッケージのアイディアがすぐに浮かんできたり、ロゴマークやラベルなどもすぐに実際に使えそうなデザインを自分で思いついたりするのです。

つまり、**趣味としての経験がそのまま仕事に活かせる**のです。また、同じ飲食でも違う畑の商品作りを体験することで、**新たな学びも多くなる**のです。

私は、仕事も趣味も本気で楽しめるので、ある意味、自分自身のONとOFFの切り替えがない人間かもしれません。

むしろ、ONとOFFの切り替えをしなければならない方が、逆に無理をしてしまうのではないかと思っています。

私は、趣味をとことん究極まで本気で楽しむことで、楽しいモードのままで仕事ができるのだと信じています。でも、これもやはり、好きなことを追求しているからこそ、だと言えるでしょう。

だから、もし、あなたに趣味があれば、リフレッシュとしてそこそこ楽しむのではなく、とことん究極レベルまで本気で楽しんでみてください。

あなたが趣味に夢中になっている時は、あなたが本当の自分を生きている時です。

そんな時間をとことん楽しみながら、新しい可能性を発見してほしいと思っています。

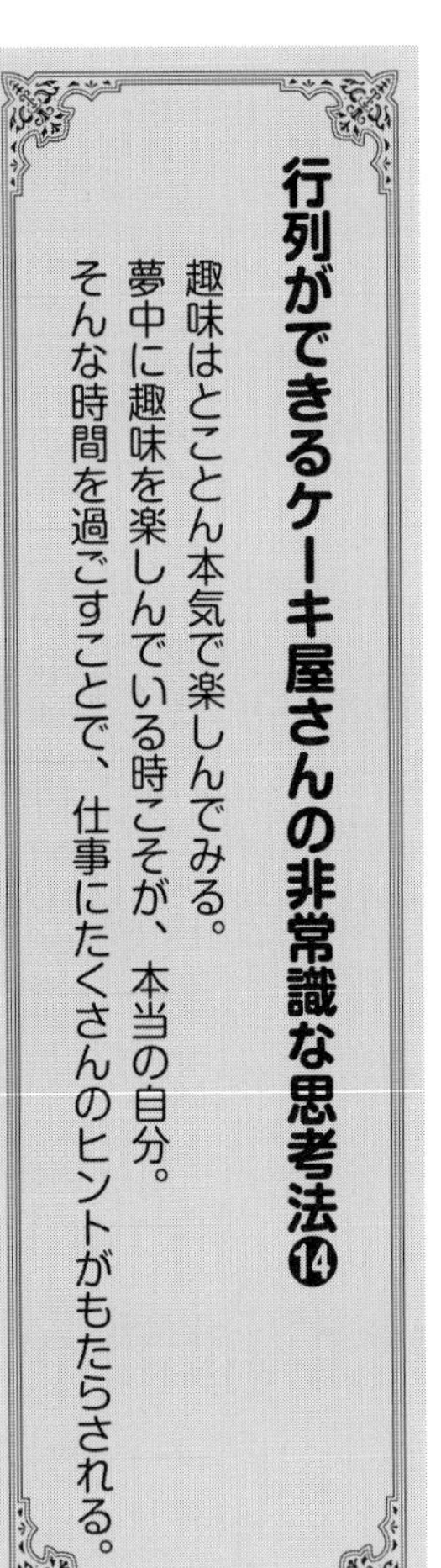

行列ができるケーキ屋さんの非常識な思考法⑭

趣味はとことん本気で楽しんでみる。
夢中に趣味を楽しんでいる時こそが、本当の自分。
そんな時間を過ごすことで、仕事にたくさんのヒントがもたらされる。

休日には趣味の釣りをしに函館の海へ

釣ったイカは塩辛に、魚は干物にして友人たちへおすそ分け

合わない人とは会わないようにする

「毎日が楽しければどんなにいいだろう」

これは、すべての人の願いではないでしょうか。でも、そんな願いが叶っていない日々を送っている人の方が多いのではないでしょうか。

私は今、ほぼ毎日を楽しく生きられていますが、そのためのコツをご紹介したいと思います。

それは、**「楽しみながら生きる」という自分のポリシーを共有できる人たちとだけ付き合うようにする、ということ**です。

とはいっても、誰しもが自分に合う人、合わない人、好きな人や苦手な人がいるはずです。

もちろん、私も1人の人間なので、自分と気が合う人もいれば、そうでない人もいます。

私は人生において2つのつらいことがあるとするならば、1つ目は「会いたい人に会えないこと」だとすると、もう1つは、「会いたくない人に会っていること」だと思うのです。

この2つのうち、私なら後者の方がよりつらいと思っています。

そこで、私はある時から、**自分の苦手な人と会うことは一切やめた**のです。

私が苦手な人はグチっぽい人や何かと威張る人、また、何かと否定的でネガティブになりがちな人などですが、苦手な人と無理をして付き合うことほどストレスフルなことはありません。

ましてや、苦手な人たちとの飲み会や食事会などは、もしそれが立場的に断れないものだった場合、その場の居心地の悪さは拷問に近いものがあるはずです。

そこで私は、そんな付き合いを、思い切って一切止めることにしました。

すると、そこからつながっていた人間関係は、次第に縁遠くなり断ち切られてしまいます。もしかして、仕事などで利害関係があった場合、自分の方が損をしたり、不利を被ることもあるかもしれません。

それでも、自分と合わない人とは会わない、というポリシーを貫くことは、自分の精神状態をストレスフリーにしておくためにも重要であり、人生を長い目で見たときには最終的に自分にはプラスに働くのです。

私の場合、苦手な人間関係を切って空いた時間で、自分の会いたい人、憧れる人、目標になる人に積極的に会いに行くようにしました。

すると、自分の会いたい人との出会いからつながる新しい世界がどんどん開けていきました。

そうなのです。**1つの縁を断ち切ると、新しい縁が生まれる**のです。

やはり、自分の会いたい人からつながる新たな人間関係からは学びも多く、そこから新しい目標ができたり、自分にとってプラスになることがはじまる、ということに気づいたのです。

これも、苦手な人間関係を断ち切ったからこそ生まれた時間で行えることでもあるのです。

人生の多くの時間を費やす職場に関しても同じことです。

今の私にとって、自分の職場は楽しい空間ですが、すべてのスタッフが同じ気持ちでいてくれているかどうかはわかりません（もちろん、皆が楽しく働いてくれていればいいと願ってはいますが）。

そこで、忘年会や新年会などを行う際には、決して皆に強制はせずに、参加したい人だけ参加してもらうようにしています。スタッフたちにも、いざというときの逃げ場をつくっておく、ということは心がけておきたいのです。

それでも、うちのお店の場合は、忘年会や新年会はすべて無料にしているので、誰一人欠けることなく全員がこぞって参加してくれる楽しい会になっています。

人生は意外にも短く、あっという間に過ぎていってしまうものです。

だからこそ、苦手な人間関係は、できる限りすみやかに断ち切っておくのがおすすめです。

そのせいで、しばらくの間、孤独を感じることがあったとしても、それは自分の充電期間だと思い、1人だからこそできる読書や自分磨きなどをしておくのもいいでしょう。

苦手なことは、どこかで頑張って奮闘することで、クリアしなければならないものだってあります。

でも、苦手な人とは、無理をしてストレスを感じながら付き合う必要はないのです。

苦手な人とは会わない、というのは少し勇気がいるかもしれませんが、それができるようになると、**自分の周りには好きな人ばかりがいる楽しい日々がやって**

くるはずです。

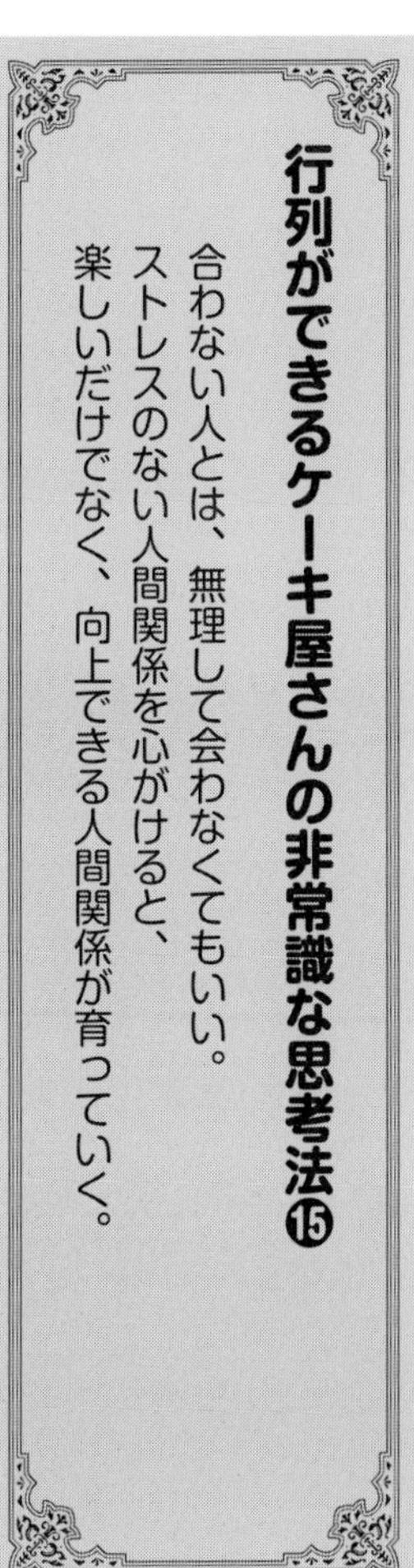

行列ができるケーキ屋さんの非常識な思考法⑮

合わない人とは、無理して会わなくてもいい。
ストレスのない人間関係を心がけると、
楽しいだけでなく、向上できる人間関係が育っていく。

「私の花が咲いている」と思えるように——税金も喜んで支払う

「お金をたくさん稼ぎたい！」

と考えている人はたくさんいます。

でも、お金をたくさん稼ぐということは、イコール、その稼いだ額に比例して税金もたくさん支払う、ということです。

それなのに、「お金はたくさん稼ぎたいけれど、税金は払いたくない」「税金を払うなら、できるだけ少な目にしたい」と考える人は多いのです。

実はこの「できれば、税金はたくさん払いたくない」という意識が深層心理のどこかにあると、大きくお金を稼ぐことは難しくなってしまいます。

なぜなら、**「お金はたくさん稼ぎたいのに、税金は少なくしたい」というのは、事実として矛盾しているから**です。

そこで、そのような意識があると、お金は〝小さく〟稼ぐことはできても、いつまでたっても、〝大きく〟稼ぐことはできません。どうしても、税金を払いたくない、という意識がお金を稼ぐストッパーになってしまうのです。

もちろん、これは税金だけに限ったことではありません。

私は第1章で、「出ていくお金は、できるだけ少なくする」と言いましたが、それは、知恵を絞れば使わずに済むお金のことであり、確実に出ていく必要経費のことではありません。

たとえば、スタッフたちのお給料に商品の財料代などの必要経費さえも「できるだけ出したくない」という意識があると、それはそっくりそのまま、いずれ自分にさまざまな形で戻ってきます。

たとえば、商品のクオリティを落とせばお客様はそれを察知して遠のいてしまい、スタッフに支払うお給料が低ければ、スタッフたちは去っていくものなのです。

だから、「お金持ちになりたいのになれない」「お金を稼ぎたいのにどうも上手くいかない」と自分で感じている人は、**出ていくお金に対するネガティブな思いやブロックが自分の内側にないかを見つめなおしてほしい**のです。

たとえば、私の尊敬するあの斎藤一人さんも多くの著書において、「お金を稼げば稼ぐほど、税金はたくさん払うことができる」と言及しています。

注目すべきなのは、「払わなければならない」ではなく、「**払うことができる**」という部分です。

一人さんにとって、税金とは「自分が社会に還元できるお金のことであり、たくさん払えることとは、喜びであり、光栄なことなんだ」という誇らしい名誉ある出費なのです。

そんな一人さんだからこそ、日本一の億万長者を何年も続けることができたのではないかと思っています。

おかげさまで現在の私は、かなりの額の税金を毎年、支払うようになりました。

今では私も、「税金を払うことで、自分の暮らす地域社会の環境が整うのならば、それはうれしいことである」とか、「自分の税金が地域の発展に貢献できるのなら、それは光栄なことだ」と自然に思えるようになりました。

また、そう思えるようになって、さらに私の事業も年々大きくなってきたのです。


今、私は地元の函館の公道に植えられた季節の美しい花々が咲くたびに、「ああ、私が植えた花が咲いている。キレイだな！」と思ったりします（もちろん、自分の税金が直接その花に使われたかどうかは定かではありませんが、そう思いたいのです）。

自分の税金が函館を訪れる観光客の目を楽しませられるのなら、それは、とても幸せなことだ、と思っています。

ある知り合いの人は、多額の税金を銀行の窓口で一度に支払う時に、「銀行のソファーのシートから窓口まで、レッドカーペットの上を歩いていると思うことにした」と言っていました（笑）。そう思うことで、誇りを持って税金を支払えると思えるのだそうです。

お金を稼ぐことと税金は切っても切れない関係にあります。だからこそ、お金を稼ぐほどに増えていく税金に対するブロックを外しておくことが大切です。

これは、自分自身がグレードアップして、小金持ちから大金持ちになっていくためには、決して避けて通れない条件でもあるのです。

大きく豊かになりたい人こそ、税金に対するネガティブな意識を早い段階から捨てておくことが大切です。

お金は大きく稼いで、大きく払う、という太っ腹な気持ちになるくらいでいきましょう。

何よりも、そう思えるようになると、仕事もとても楽しくなってくるのです。もっと豊かさを手に入れたい人こそ、そんな豊かでポジティブな気持ちでありたいものです。

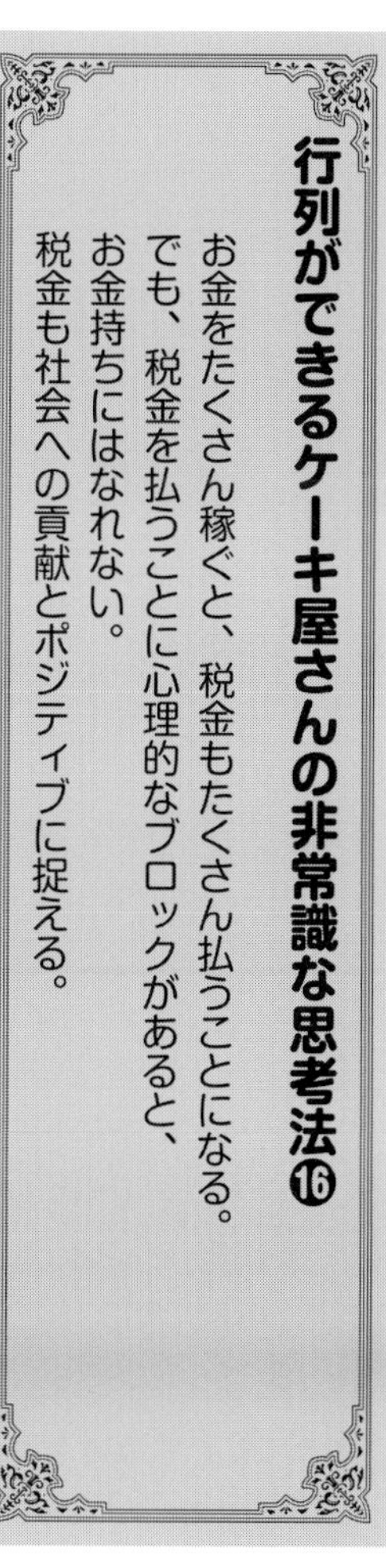

行列ができるケーキ屋さんの非常識な思考法⑯

お金をたくさん稼ぐと、税金もたくさん払うことになる。
でも、税金を払うことに心理的なブロックがあると、お金持ちにはなれない。
税金も社会への貢献とポジティブに捉える。

第4章

半径3メートル重視の人間関係術とは?

業者さんも神様です

お客様は神様ですが、業者さんも神様です。

商売をしている人にありがちなのですが、お客様のことは大切にしても、自分のビジネスに関わるそれ以外の人たちのことはそこまで重視しない人がいます。

でも、考えてみれば神様であるお客様にいい商品やサービスを提供できるのも、それを可能にしてくれている周囲の人たちのすべてのサポートがあってこそです。

つまり、社員やアルバイトたちに加えて、出入りしている業者さんたちの存在があってこそ、なのです。

特に、財料にこだわっているうちのお店では、特定している生産者農家さんたちからの納品が途絶えれば、商品は作れません。

卵ならここ、小麦ならここ、牛乳ならここ、イチゴならここ、ブルーベリーならここ、とすべての財料に対して選び抜いた**生産者さんたちには、彼らも同じように豊かになっていただけるような取引を心がけています。**

通常、財料を仕入れたりする際には、いくつかの業者さんをピックアップしたら、各社から見積もりを出してもらい「あいみつ（相見積もり）」を取った上で、一番安い見積もりを出した業者さんを選ぶものです。

でも私は、一旦「ここ！」と決めた業者さんには、もう他社を含めて相見積もりを取ることはしません。

業者さんだって、同じ人間です。取引先から相見積もりを取られた上で、値段を叩かれるのはいい気分ではないはずです。

また、出入り業者さんは、生産者農家の方たちだけではありません。

通販の発送のために毎日立ち寄っていただく宅配便屋さんだけでなく、他にも包材屋さんなどたくさんの業者さんたちがお店には出入りしています。

そんな業者さんたちに対して、私はお客様に向けるのと同じ態度で向き合うようにしています。

さらには、彼らへの感謝もきちんと口頭だけでなく、形で表すようにしています。

たとえば、支払いの現金を入れた封筒に「いつもありがとうございます。○○さんは、いつも時間通りに配達してくださるので助かっています！」などと書いた短い手紙などを入れておくと、後でその封筒を開けたその会社の社長さんなどがそれを見て、ちょっと驚かれたりするのです。やはり、自分の社員がほめられるのは社長さんにとってもうれしいことなのです。

こんなふうに、無理のない範囲のちょっとした気配りや心遣いを怠らないようにするだけで、業者さんたちとの関係は多少のことが起きても良好な関係を継続できるのです。

そして、そんな安定感がそのまま商品の品質につながり、お客様へのサービスにつながるのです。

半径3メートルの人間関係というと、お客様や社員・アルバイトたちだけを思い浮かべる人が多いかもしれません。

でも、あなたのビジネスをサポートしてくれている人たちは、たとえ姿は見えなくても、たくさんいるはずなのです。

成功は自分1人だけでは決して手に入れることはできません。

だから、**表だけでなく、バックステージで協力してくれる人たちへの感謝の気持ちを常に忘れないでいたい**ものです。

行列ができるケーキ屋さんの非常識な思考法⑰

お客様だけが〝神様〟ではない。
ビジネスをサポートしてもらうすべての関係者も神様。
そんな彼らに感謝の気持ちを忘れないこと。

信用を勝ち得る「3種の神器」とファッション

あなたには、「ここぞ！」という時の勝負アイテムやファッションはありますか？

たとえば、プレゼンにはこれを着て行くと必ず上手くいく、という勝負服だったり、試験の日の朝に食べるカツ丼などの勝負飯だったり、みたいなものです。

私の場合は、ここぞという仕事の時には、ベンツに乗ってその場に赴くと上手くいきます。

これは、私が周囲への成功者の証としてベンツを見せつけたいために乗っているから、というわけではありません。また、私がこれまでずっとベンツに憧れてきて、ベンツに乗ることを目指して働いてきた人間だから、というわけでもありません。

今の私の仕事には車は必要不可欠なので、車は何台か所有していますが、車はきちんと動いて移動できるという役割を果たしてくれるなら、どんなメーカーのどんな車種でもいいと思っているくらいです。

実際に、仕事以外のシチュエーションや普段のプライベートでは、自然の多い北海道の道にふさわしい、アウトドア向きの車であるジープに乗っています。

では、なぜ私は仕事の現場ではベンツに乗っているのでしょうか？

一言で言えば、**ベンツに乗っていると取引先の方に信用される**からです。

ビジネスをしていく上で取引先から信用していただくことは、安定したビジネスを継続する上で欠かせない条件です。

特に、これから取引をはじめたい方と初対面で会う時には、第一印象が肝心です。

「**人は見かけが9割**」ともいわれますが、私もそんな時には、清潔で上質なきちんとした身なりを心がけるようにします。やはり、〝きちんと感〟を全身で表現することで、相手の方に「この人はきちんとしているな」「この人とならやっていけそうだな」と思っていただけるのです。

また、私は**商人とは自分のためというよりも、相手のためにオシャレをする人であるべき**だと思っています。

相手から見て、「この人って素敵だな」「この人から買いたいな」と思ってもらえることで、取引は成立するのです。

さて、私にはベンツに加えて、私なりの勝負アイテムがあと2点あります。

それが、ロレックスの時計にルイ・ヴィトンのバッグという2つのアイテムです。ベンツとロレックスとルイ・ヴィトンのバッグは、私にとっての信用を勝ち得る「3種の神器」になっています。

そんなことをお伝えすると、「高いブランドものを身に着けても、単にギラギラ感を醸し出すだけじゃないの？」などと思われる方も多いかもしれませんね。

でも、私にとっては、この3種の神器が、ビジネスの交渉において非常に功を奏するのです。

ベンツと同様に、私はロレックスの時計やルイ・ヴィトンのバッグも特にこだわりがあるわけではありません。でも、これらは交渉や商談を成功に導いてくれるユニフォームの一部のようなものなのです。


たとえば、お店でクレープに使う財料のフルーツを探して、生産者の農家を訪ねる時など。

私は、質の良い旬のフルーツを確保するために、地方の生産者の方を直接訪ねることがあります。

そんな場合に、たとえその農家の生産者の方とは初対面でも、やはりベンツに乗っていくと、生産者の方の対応が他の車の時とまったく違うのです。

ふらりと突然現れた私に、生産者の方は誠意を持って出迎えてくださるだけでなく、きちんと私の話に耳を傾けてくださり、少々無理なお願いや取引もその場で成立するのです。

同様に、3種の神器のパワーは、仕事を離れた場面でも発揮されます。

たとえば、ホテルに宿泊するチェックインでフロントのスタッフとやりとりをする際、ロレックスの時計をしているのとしていないのとでは、ホテルマンの対応がまったく違います。

フロントデスクでの何気ないやりとりにおいても、ホテルマンは宿泊客がしている時計にしっかりとチェックを入れているのがわかります。これは、デパートの店員さんなども同じです。

こんな感じで、「人を見る」ことに長けているサービス業の人たちは、きちんとした身なりに加えて、一流品のアイテムで臨むと、こちらの無理なリクエストを快く聞き入れてもらえたり、丁重に扱っていただけたりするのです。

このようなお話をすると、「では、人は身なりや身に着けるものだけで判断されるの？」「身なりや身に着けるものだけで扱いに差が出るのはいかがなものか」

と思われる人もいることでしょう。

それは、この私も同意見です。私も、3種の神器がまるで人間のグレードを判断する〝リトマス試験紙〟だとするのなら、それは間違いだと思います。

やはり人間は、内面の人間性が勝負だと思います。

けれども、初対面の相手にとって、「自分のビジネスが上手くいくかどうか」という大切な商談や会合においては、どうしても、外見が1つの判断基準になってしまうことは否めません。

もちろん、いくら3種の神器を武器に臨んだとしても、その人が全体から醸し出す雰囲気やオーラは相手側にきちんと伝わります。また、一言会話をはじめただけで、「この人はダメだ」「この人は相手にならない」ということも、相手にはすぐにバレてしまうものです。

それでも、きちんとした身なりで3種の神器を身に着けていると、まずは **「こ**

の人の話を聞いてみようかな」という最初のハードルはクリアできるのです。

そして、その最初の1歩は大きなステップなのです。すべては、そこからはじまるのですから。

当然ですが、3種の神器があれば商談やビジネスを100%成功に導くわけではありません。

それでも、3種の神器を身に着けることは、**初対面の相手に、まずは「耳を傾けてもらえる」ことを可能にしてくれる**のです。

そのためにも、そんな3種の神器が自分から浮いてしまうのではなく、自分自身に自然になじむようになることであり、私もそんな人間になりたいと思っています。

あなたも、初対面の相手に会う際には、自分なりの3種の神器を身に着けておくのもおすすめです。

それらは、必ずしも高級ブランドである必要はありません。

実際に、私はベンツやロレックスなど購入できない時代には、同じ値段でもより高価に見える洋服や時計を身に着けて、多少のハッタリを利かせていたものです。

ファッションに関しても、今、ファストファッションのお店では、お手頃価格で素敵な洋服がたくさん売られているので、その中から、〝きちんと感〟があり、〝高見え〟する洋服を選ぶようにするのもいいでしょう。

もちろん、無理をして全部を揃える必要はありません。でも、あなたを格上げしてくれるアイテムを発見できれば、**そんなアイテムがあなた自身をワンランクアップしてくれる**はずです。

自分にとっての「3種の神器」やファッションがわからない、という人もいるでしょう。

そんな人は、**「自分はどう見られているのか」「自分はどう見られたいのか」**ということを意識してみてください。〝なりたい自分〟がわかれば、自分にふさわしいアイテムやスタイルも見つかるはずです。

そして、ここが一番大切なポイントですが、もし、あなたが高価なブランドものを「3種の神器」として身に着けられるようになったとしても、決して相手に対して**傲慢な態度を取ったり、威張ったりしてはいけない**、ということです。

ブランドもので固めた外見と、**謙虚で礼儀正しい内面のギャップに人は魅了される**のですから。

行列ができるケーキ屋さんの非常識な思考法⑱

相手に〝きちんと感〟を身なりで表現することは大切。
自分なりの「3種の神器」で、ここ一番という時には勝負をかける。

バカ正直になると、人との距離が近づく

「男は敷居を跨げば7人の敵あり」という江戸時代からの諺があります。

これは、「男性は自宅から1歩外へ出ると、たくさんの敵がいて苦労が多いものだ」、という意味です。今の時代においては、もはや江戸時代のように男性だけではなく、社会進出が進む女性にも同じことが言えるでしょう。

この諺にもあるように、私たちは、外の世界で日々出会う7人の敵と闘うために、〝見えない鎧〟を着て武装して臨んでいるものです。

もちろん、**そんな闘いとは肉体的なものではなく、〝マインドゲーム〟みたいなもの**です。

特に、ビジネスにおける人間関係では、誰もが相手より自分を有利な立場に持

っていこうとするものです。そうでないと、自分が同じことをされてしまい、相手との関係において〝弱者〟の立場になるからです。そうなると、敵にとっては好都合になり、交渉事なども何かと不利になったりするのです。

前項でお伝えしたように、「3種の神器」を身に着けて相手に臨むのも1つの〝武装〟ではあるのですが、本当の勝負は、見た目の外観をクリアした、その次のステップからはじまるものです。

そのために、私たちは相手とのマインドゲームにおいて、さまざまな戦略を駆使します。

たとえば、「自分はデキる人間だ」という部分をさりげなく強調したり、相手より自分が上の立場であるということをほのめかして、今風な表現で言えば、隙あらば、相手から〝マウントを取ったり〟します。

こんなふうに、相手とのやりとりの中で、自分の本当の実力以上のものを〝盛りながら〟、社会の中でサバイバルして上を目指していくのが、弱肉強食の社会の在り方なのです。

でも、そんな生き方って、疲れませんか？

たとえ、虚飾の自分で臨んだとしても、いつかは化けの皮がはがれるものだし、本当は知らないことを知ったかぶりをしたとしても、バレないようにおびえて過ごすことになってしまうのですから。

私は、そんな生き方ができません。

バカ正直にしか生きられないのが私なので、そんなマインドゲームでは負けるかもしれません。

でも、ありのままの自分でいることで、勝負に至ることもなく、相手とはお互いの垣根を越えて、本音の付き合いができたりするものです。そして、**7人の敵が7人の友になったりもする**のです。

そんなことを説明する、あるエピソードを紹介したいと思います。

それは、ある日の早朝のことでした。

突然、税務署から10人くらいの税務署員が事前通告もなしにドタドタとうちのお店を訪れてきたのです。

税務署から大挙してやってきた職員の襲来に私は驚いたのですが、どうやら私のお店があまりに繁盛しているので、きっと脱税しているだろう、みたいな通報がどこかからあったようなのです。まさに、ＴＶドラマのような展開です。

法人や個人の脱税を調査する、あの有名な国税庁査察部の〝マルサ〟ではないですが、税務署の人たちは、私のお店をターゲットに、「何とかして脱税を見つけるぞ！」と意気込んで乗り込んできたのです。

実は私は、自らお店の経理も担当しています。

私なりに細かく帳簿はつけているので、会計上において数字が合わないことはないはずですが、一応税務署の職員に向かって、こう告げました。

「会計のことは、わからないことが多いと思うので、**何か間違いもあるかもしれません。ぜひ、この機会にいろいろと教えてください。税金のことを勉強したいと思います！**」

それは、私の本心でした。自分なりの会計のやり方に間違いがあれば知りたかったのです。

すると、それまで「何か綻(ほころ)びを見つけるぞ！」と鬼の形相で私を睨(にら)みつけていた彼らの表情が一変しました。

彼らは、肩透かしをくらったように、あっけにとられています。

というのも、このように大勢で職員たちが踏み込んでくる場合は、大抵は本当に脱税をしているケースが多いらしいのです。

踏み込まれた方は、その場をできる限りごまかしながら取り繕おうとするだけでなく、いざとなれば、その場から慌てて逃げ出してしまうようなケースもあるらしいのです。そこで、そうなった場合の対策も取っているのが彼らなのです。その場には、緊迫した空気が漂っていました。

ところが、私の一言で、その場の空気が一気にほどけたのです。

税務署の人たちも、訪問する対象者から自分たちが嫌われる存在であることを知っています。それなのに、私の方から彼らに歩み寄ったことで、彼らも驚いたようでした。その瞬間から税務署の人たちとは打ち解けて、なごやかなやりとりがはじまりました。

税務署の職員たちからは、「金庫を開けて、現金を数えてください」と言われて彼らの目の前でその通りにしましたが、帳簿と現金はぴったり合っています。それは、私にとっては当たり前のことですが、ぴったり合わないケースの方がほとんどなのだそうです。

結果的に、書類用に4000円分の収入印紙が必要なことがわかり、その5％の200円分が未納という結果になりました。実際には、滞納分も含めて合計220円を支払うことになりました。

そんなやりとりの間、彼らとはすっかり打ち解けて、私の趣味の釣りの話で盛り上がったり、世間話にも花が咲いたりして、**本来なら恐怖と緊張でおびえる時間になるはずだったのに、不思議なことに楽しい時間になった**のです。

また、その日にお店の会計の書類もすべて彼らに持ち帰って確認してもらったのですが、1週間後に「何の問題もありませんでした」という報告を受けました。

その後、税務署の人たちとは仲良くなり、税金に関しては「こうした方がいいよ」「この方法なら間違いないですよ」などというアドバイスも、もらえることになりました。

後で聞いた話によると、こうして家や会社まで大勢で踏み込んでくる時は、確実に〝クロ〟だと見越しているケースらしいので、何も不備が見つからないと、そこのトップの担当者は別の部署に飛ばされるらしいのですが、実際に飛ばされてしまったそうです。その方には、本当に申し訳ないことをしたかもしれません（笑）。

税務署の人たちは、職場の濃い人間関係である半径3メートルどころか、半径3キロメートルの人たちだと言えるでしょう（もっと実際の数字は大きいと思いますが）。

でも、商売をしている人なら、決して会いたくない（?）税務署の人たちだって、バカ正直に向き合えば、こんなこともありえるのです。

もし私が彼らに対して、マインドゲームをしようとしたら、きっと違う展開になっていたはずです。

実際に、脱税はしていないにしても、こんなふうになごやかなやりとりにはならなかったはずです。

どんな職業やポジションであれ、相手も1人の人間です。

自分をつくらず、虚勢を張らず、自分を〝盛る〟こともなく、ありのままの裸の自分で向き合うことで、相手も同じように鎧を脱いでくれるのです。

そんな本音で付き合える人間関係を築いていきたいものです。

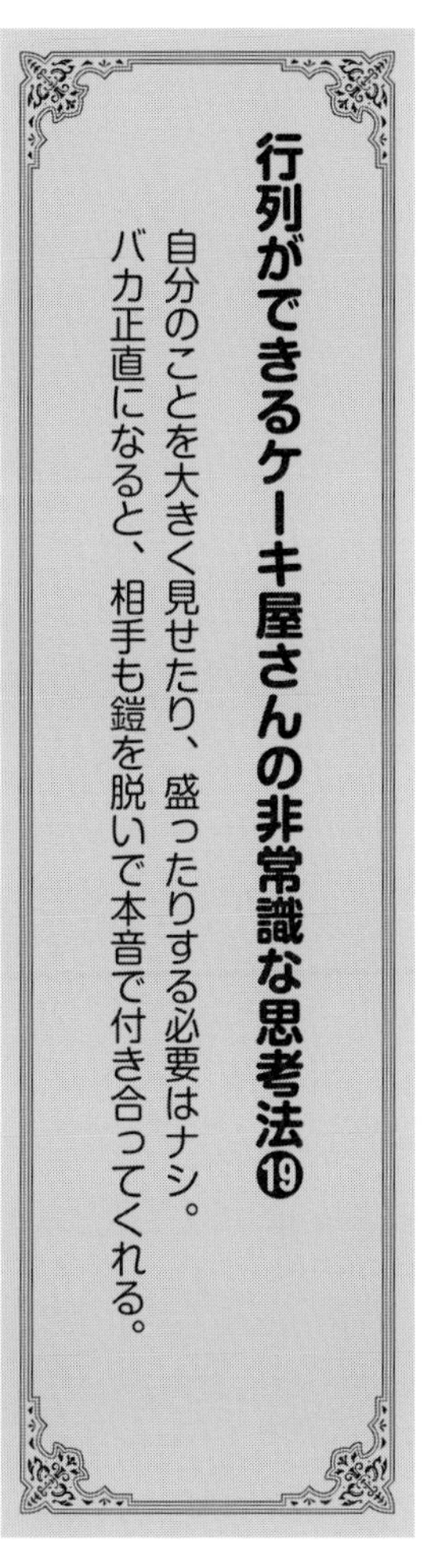

行列ができるケーキ屋さんの非常識な思考法⑲

自分のことを大きく見せたり、盛ったりする必要はナシ。バカ正直になると、相手も鎧を脱いで本音で付き合ってくれる。

第5章

ラクして
働くのは義務！
大濱流
ラクラク
仕事術

ラクすると決めれば、上手くいく

〝ラクして働く〟というのには、２つの意味があります。

それは身体的なラクさと精神的なラクさのことです。

この章では、ココロとカラダの両面からラクになれる方法と、それをどう仕事に活かしていくのか、ということについてお話ししていければと思います。

まずは、カラダの面からラクになる方法からお話ししてみたいと思います。

と言いながら、実は私が「ラクをして働くことも大事なんだな」と思えるようになったのは、ほんのここ数年くらいです。

正直に言えば、「ラクをして働くことも大切だ」というふうに、あえて意識するようになった、というのがここ最近の私の新しい変化なのかもしれません。

前著の『行列のできる奇跡のケーキ屋さん』を出版して以来、私の生活は一変しました。

たとえば、講演会の仕事で地方へ行くことも増えたり、実業家や各業種の経営者の人たちとの出会いや交流のための機会も増えたりすることになって、これまでと同じようなお店の業務一筋という生活が難しくなってきたのです。

もちろんこれまでも、すでに多くの仕事はスタッフたちに一任していました。けれども、前著にも「ショコラ・ヴォヤージュだけは、まだ他の人に任せられずに私自身が毎日作っています」と書いていたように、他の業務はスタッフにすべて任せられたとしても、ショコラ・ヴォヤージュだけは私自身が毎日作っていました。

というのも、特に、ショコラ・ヴォヤージュのチョコレートのガナッシュ部分は湿度や温度に左右されやすく、同じ美味しさを提供するためには、季節や天候による環境の変化に繊細に対応しながら作らないといけません。

そこで、これだけは私が毎日やらないといけないし、私でないとダメだ、とどこかで信じていたのです。

それは、私なりのショコラ・ヴォヤージュに対する職人としてのこだわりでもあったのです。


ところが、先述のように私がお店を離れなければならない日が増えたことで、ついに私はショコラ・ヴォヤージュ作りをスタッフに任せることにしてみたのです。


それは、私にとっても大きな決断でした。

そして、なんとその結果は、とても上手くいったのです!

任せたスタッフの1人は長年うちで働いてくれているスタッフ、もう1人はまだ新人のスタッフなのですが、ベテランのスタッフと新人のコンビの2人で完璧なショコラ・ヴォヤージュが作れることがわかったのです。

もしかして、私の作るショコラ・ヴォヤージュより美味しいかもしれません（笑）。

天候や気温に味が左右される、まるで〝生き物〟のようなショコラ・ヴォヤージュは、シンプルなスイーツだけに、ごまかしがきかない一品です。

でも、そんな繊細なショコラ・ヴォヤージュも、きちんとポイントを押さえて作ってもらえれば、いつもと同じ味が再現できることがわかったのです。

とにかく、この一件でわかったことは、「**スタッフを信じる**」ということと、「**1人ですべてを抱えない**」ということです。

また、大きな仕事を任せられた方のスタッフも、「お店の看板商品を作るという大事な仕事」を任せられたことで、より重責とモチベーションを感じて取り組んでくれるようになったのです。

今では、講演会など個人での仕事が入った時にはすべての業務をスタッフたちに任せて、お店を後にすることができるようになりました。

ある意味、店舗のオーナーであり社長である**私の究極の仕事は、毎月黒字を出してスタッフの給料をきちんと払うこと**です。

だから、それ以外のすべての仕事はスタッフの仕事でもあるのかもしれません。

スタッフたちを信じて、私は黒字を出すという自分の役割に専念していきたいと思います。

行列ができるケーキ屋さんの非常識な思考法⑳

社員・スタッフを信じてすべての仕事は任せること。
自分の時間も増えてラクができるだけでなく、
スタッフのモチベーションも上がるので、いいことづくめ。

「正しいこと」に縛られない

さて、ここからは、精神的にラクになれる生き方についてお話ししていきたいと思います。

その前に、まずは作家の百田尚樹さんが『雑談力 ストーリーで人を楽しませる』（ＰＨＰ新書）の中で紹介している次のような対話をご紹介しましょう。

母親と一緒に銭湯で女湯に入っているある小さな男の子が、番台に座っているおばちゃんに聞いたそうです。

「男の子は、いくつになったら女湯に入れなくなるの？」

すると、おばちゃんはその男の子にこう答えたそうです。

「それはね、女湯に入りたいと思った時だよ！」

おばちゃんは、素晴らしい答え方をしましたね（笑）。

私は、世の中には「正しい答」と「楽しい答」、そして「人をラクする答」があると思っています。

おばちゃんが男の子に、「女湯に入れるのは、小学校1年生までだよ」と答えたとするなら、その答えは正しい答え方かもしれません。でも、正しいだけだとつまらないし、誰の記憶にも残らないのです。

一方で、「女湯に入りたくなった時だよ」と言われればそれだけで楽しいし、「座布団1枚！」をあげたいほど頓知も利いています。何より、質問をした本人に答えがゆだねられることで、その少年もラクになれるのです。

まさに、完璧な回答の仕方ですね。

私はいつも、このエピソードにあるように、**「正しいこと」より、「楽しいこと」を優先する**ようにしています。

また、「正しいこと」に縛られすぎずに、会話をしている相手が「心がラクになれる」ような考え方ができれば、と思っています。

たとえば、私自身にもそんなことを説明する、あるエピソードがあります。新しい店舗である北斗店は、土日はたくさんのお客様でにぎわっているのですが、平日は全部で15席あるイートインの席がすべて埋まらない日もあります。そんな空席のある様子に、お店のスタッフはかなり落ち込んでいるようでした。というのも、うちのお店はいつも常に忙しい、というのがもう当たり前になっていたからです。

新しい店舗を任されたスタッフは、空席があるという状況に慣れておらず、責任を感じているようでした。そこで私は、そのスタッフにこういい聞かせたのです。

「あの空いている席には、神様が座っているんだよ。だから今、埋まっている席に座っているお客様に心を込めて接客をしていればいいんだ。神様がそんな様子を見て、他のお客様をたくさん連れてきてくれるはずだよ」

それを聞いたスタッフは、それまで暗かった表情がぱっと明るくなると、イキイキと店内にいるお客様に向けて接客をはじめたのです。

もしかして、そのスタッフに対する正しい答えは、「平日も空いている席が埋まるように、何か対策を考えないといけないね。君も何かアイディアを出してくれるかな」だったのかもしれません。

でも、「空いている席には今、神様が座っているんだよ」と言われた方が面白いし、その一言でスタッフは不安な気持ちや重責から解き放たれるのです。

どちらにしても、「今、空席がある」という事実は変わりません。

もし、そうならば、その事実を受け止めながらも、明るい気持ちで過ごせた方が実りのある未来につながるのです。

「正しい」ことは、私たちが暮らす社会をまとめるためには必要なことです。

でも、日常生活において、「正しいことばかりが、いつも正しいわけではない」のです。**正しいことは、正しいからこそ、人を追い詰めたり、苦しめたりもする**のです。

それに、**それが正しいということはもう皆、言われなくてもわかっている**ものです。

だからこそ、正しいことより、「楽しいこと」「心がラクになれること」という視点でものごとを捉えたいのです。

それができるようになれば、もっと自分だけでなく、自分の周囲の人たちも楽しく、ラクに生きられるのではないかと思っています。

行列ができるケーキ屋さんの非常識な思考法㉑

正しいことは、正しいゆえに人を追い詰めたり、苦しめたりすることもある。ものごとを、「正しさ」よりも、「楽しさ」や「心がラクになれる」視点で捉えるようにする。

アンチがいたっていい

人気者になればなるほど、また、有名になればなるほど出てくるものがあります。

それは、アンチという存在です。

特に、芸能人やセレブリティ、政治家など社会的に名前が知られている人たちは、常に注目される存在でもあり、ファンの数が多くなればなるほど、必ずアンチのような存在が出てくるのです。

また、ＳＮＳで誰もが自己主張をするネット社会の今、アンチとは、有名人ではない普通の人々にとっても、脅威を感じる存在かもしれません。

でも、「アンチという存在はいてもいい」というのが私の考え方です。

アンチのような存在は、自分で努力してコントロールできるものなどではないので、もう仕方のないことであり、言ってみれば、〝有名税〟みたいなものです（その本人に実害が及ばない限り）。

たとえば、人が100人いれば、99人には自分のことが気に入られたとしても、1人からは好かれないかもしれません。それは、もう当たり前のことなのです。

逆に、**すべての人から平等に好かれようとすることの方が、無理がある**というものです。

今、ネットの世界では匿名性という名のもとに、常に誰かが誰かを攻撃し合っています。

でも、自分にアンチがいるとわかっても、落ち込んだり、傷ついたりする必要はないのです。大切なことは、もし、**自分にそんな存在がいることを知ったとしても、ひるむことなく気にしない**、ということです。

言ってみれば、相手はアンチになるほど、あなたに興味や関心を持っているのであり、あなたは、その人に何らかの形で大きな影響を与えているのです。

それは、憧れや嫉妬、妬みの気持ちが歪んだ形で表現されるものだったりするケースだってあるのです。

そこまで自分がその人に大きな影響を与えているのだ、と思えば少しはラクになれるのではないでしょうか。


ちなみに、口コミだけで勝負をかけている私のお店ですが、今のところありがたいことに、まだ私の知る限りネット上にはアンチ的な存在はいないようです。

でも、私のお店も行列ができることで有名になればなるほど、業界からは注目を浴びるようにもなってきました。そんな状況の中で、同業者の人たちからは、少し妬みや嫉妬のようなものを感じることもあります。

実際に、同業者や業界の団体などが、〝行列のできるお店の秘密〟を偵察するために、私のお店に視察に来られることもしばしばあります。

でも、うちのお店は規模も小さく、商品数も少なく、パッと見た感じからは特筆すべき点は見つからないのです。だから彼らは、ひとしきり店内をじっくりと見渡した後、なんだか腑に落ちない様子で帰っていきます。

確かに、行列ができるお店の秘密は、お店の外観などからは見つからないかもしれません。

だからかもしれませんが、視察に来られた人たちと話をしていると、逆に彼らの方から私のお店に関して、「こうするべきだ」などというアドバイスなどを受けることも多々あります。

でも、私は彼らからのアドバイスにある「こうするべきだ」をしていないことで、お店は繁盛しているのですから、やはり自分のポリシーに沿った経営をこれからも続けていくと思います。

このように、人気が出たり、露出が増えたりすることで、お客様も増えれば、そうでない人たちもたくさん近寄ってくるようになります。

でも、そんな状況も、自分が成功を収める過程において、必要不可欠なものなのです。

ある意味、アンチがいるということは、「一人前の証」みたいなものだと思っています。

それよりも、ファンでもアンチでもない、あなたにまったく関心のない人の方が、あなたにとって本気で〝気にすべき存在〟であり、あなたが何か働きかけなくてはならない存在なのかもしれません。

だから今後、**もし私にもアンチな存在が出てきたら、「自分もついに人気者になったな！」、くらいの図太いメンタルでいきたい**と思っています。

行列ができるケーキ屋さんの非常識な思考法㉒

有名になるほどに、アンチは出てくる。
アンチという存在は有名税みたいなもの。
「自分も人気者になったな」くらいの図太いメンタルでいい。

どんなにツライ経験も成功へと続いている

さて、この本を手にされた方の中には、「成功したい！」という強い思いとは裏腹に、現在、つらい日々や思い通りにいかない日々に悩んでいる方もいらっしゃるかもしれません。

なぜなら、成功術や成功論が書かれた本を手に取る方は、「現在の状況を打破したい！」「何とか今の自分を変えたい」という人たちのはずだからです。

すでに自分なりの成功を手にして満足し、順風満帆な人生を送っている人は、そんなものは、もう必要ないはずなのです。

現在、そんなつらい日々や思い通りにいかない日々を送っている人へ。

そんな日々も、実はあなたの成功へと続いているのです。

あなたが「なんとかしたい！」ともがく日々の延長線上に成功が待っているの

であり、**今の現実も、あなたが成功を手にするために必要なことばかりが起きているの**です。

つらい日々の渦中にいると、そんなふうには考えられないかもしれませんが、ぜひ、そんな捉え方をしてみてほしいのです。それができれば、今の現実がとても貴重なものに思えてくるはずです。

実は、私を成功に導いた考え方の数々も、自分が幼少期から体験してきたつらい日々の学びが役立っているものが多いのです。

今、私がケーキ屋さんであるように、私の実家も、代々続くお菓子屋さんでした。

我が家のお菓子屋さんの歴史を紐解(ひもと)くと、まずは、曽祖父が昭和初期の時代に栃木県で金平糖やかりんとうなどのバラ菓子を売るお菓子屋を開業し、祖父の時代には饅頭(まんじゅう)屋を経営していました。

続いて、父親の代になると、時代の変化に合わせて和菓子だけでなく、洋菓子まで扱うようになりました。

幸か不幸か、父親の代はバブルの時代で好景気だったこともあり、父親は商売の規模を一気に拡大すると、県内にフランチャイズの店舗をなんと50店舗以上にも広げることになったのです。

すると、何が起きたか、もうおわかりの人もいるはずです。

マーケティング用語において、同じ商品が市場で競合同士となりシェアを奪い合うことを表現する時に「共食いをする」＝「カニバる（カニバリゼーション：Cannibalization）」という言葉を使いますが、まさに店舗同士で「カニバる」状況が起きてしまい、父親の商売は一気に傾いてしまいました。

要するに、父親のお菓子の店舗が県内だけに50店舗以上もあるということは、お菓子のコンビニが町の通りのあちこちにあるようなものなのです。そのような状態では、1軒1軒のお店がそれぞれ繁栄できるはずはありません。
幸いなことに、父親は大きな痛手を受ける前に、すべての権利を売って手放し、商売を閉じることになりました。

「もし、そのまま続けていたら、首をくくっていたかもしれない」とは、父親から後で聞いた言葉です。

こんなふうに、私は子どもながらに、ビジネスを広げすぎると失敗するというシビアな実例を身近で見てきたのです。

また、**いくら美味しいお菓子でも、いつでもどこででも手に入るものには誰も興味を示さなくなる**、ということも学びました。

さらには、フランチャイズの店舗はお菓子を売り切るために、最後は安売りをしていましたが、そうなると、消費者は**安くなった時にしか商品を購入しない、**ということも学んだのです。

こうした実例の数々がすべて反面教師となって、私が独立して自分のビジネスを展開する時に役立ったのです。

ビジネスは広げすぎないこと。また、商品はどこでも手に入るものではなく、需要と供給の関係においては、**消費者の方から常に求めてもらえるように、渇望感を与えられるくらいの提供の仕方をする**こと。

そして、**安売りまでして「売り切る」ことが必要な商品を作らない**こと。

それらのすべてが、今の私のビジネスに反映されているのです。

また、父親の商売が上手くいっていない時代は、家庭内もボロボロになっていました。

商売が傾いても新車を買ったりする危機感のない父親に代わって、母親が懸命に働いてお金を稼ぎ、私たち3兄弟を育ててくれたのです。

今、女性の潜在的な力を信じて女性を大いに活用している私ですが、それは、男勝りになって働きお金を稼いでいた母親を見て「女性の力って本当にすごいな」

「女性はたくましいな！」と心底から肌身で感じていたからです。

当時、私はまだ小学生でしたが、ある日の朝、こんな光景を目にしました。それまで必死で耐え抜いて頑張っていた母親の感情がついにプツンと切れたのか、台所で食器のお皿を床にガシャンガシャンと叩きつけて割っている姿を目にしたのです。それは、私にとって恐怖を感じた一瞬でした。

そんな様子を見ながら、子どもながらに「女性には決して、つらい思いをさせてはならない」ということも学んだのです。

小学生の頃の私の日々は家庭内でそんな出来事が起きていたので、他の子どもたちと違ってどこか暗く、毎日が幸せな日々ではなかったように思います。

でも、その時代に自分が体験してきたことが、いざ大人になると、自分が何かを決断し行動を起こす際には、すべて役立っているのです。

つまり、私を成功に導いた考え方やその方法は、自分ではそこまで意識してはいないものの、すべてはあの子どもの頃に自分の肌で見て感じたことが土台となっているのです。

だから、今、どんなにつらい日々を送っている人もあきらめないでほしいのです。

その日々は、あなたの成功に続く道の途上に起きているのです。

どんなにネガティブに思える体験でさえ、それらのすべてがポジティブに活かせる日のためにそれは起きています。

あなたにも、きっとそう思える日が来るはずです。

行列ができるケーキ屋さんの非常識な思考法㉓

どんなにつらい体験も成功への布石になる。
すべてのことは、あなたに必要だから起きていると信じること。

おわりに

本書を最後まで読んでいただき、ありがとうございました。

街の小さなケーキ屋さんのちょっと非常識な考え方やその実践法の数々は、いかがでしたでしょうか？

もし、あなたがこれからケーキ屋さんを目指す人なら、「同じやり方をしてみよう！」というものがあったかもしれません。

また、もし、あなたがこれから自分で何かを起業しようと思っている人なら、「この部分は、使えるかもしれないな」というものがあったかもしれません。

さらには、あなたが将来の夢を叶えるために、巷(ちまた)の成功法則を読み漁っている人なら、「自分にはちょっと理解できないけれども、こんな考え方もあるんだな」というものがあったかもしれません。

それらのどんな感想も、私にとっては貴重なものばかりです。

でも、どんな方にどんな感想を持っていただいたとしても、街の小さなケーキ屋さんのオーナーである私が自身の体験を通して実践してきたことはすべて、私をゼロからここまで導いてくれたものには間違いないのです。

つまり、それらのすべては成功へとつながるものであった、ということです。

だから、そのうちの1つでもあなたにピン！とくるものがあれば、ぜひ、心に留めておいてほしいと思っています。


実際には、私を成功に導いた考え方の中には「非常識」というよりも、「ちょっと変わったもの」の方が多かったかもしれません。

もちろん、それらは、私にとってはいたって普通のことだったりするのですが、どうやら他の人から見ると、「変わっている！」「普通ではない！」というものが多いようなのです。

そんなことを説明する、あるエピソードを最後に1つ、ここでご紹介しておきましょう。

すでにどなたもご存じのように、2020年の2~3月頃から新型コロナウイルスの感染拡大によるパンデミックが日本だけでなく世界中で猛威をふるい、多くの人が犠牲になっただけでなく、これをきっかけに、テレワークの導入など、私たちの働き方やライフスタイル、人生への価値観までもが大きく変わることとなりました。

我が国においても、この事態に対応するために、まずは政府が4月上旬に東京、神奈川、埼玉、千葉、大阪などの主要な7つの都府県に緊急事態宣言を出したことは、まだ記憶にも新しいことだと思われます。

3月あたりから新型コロナウイルスの感染拡大の状況がどんどん悪化していく中、人々は感染拡大を少しでも防ぐために自粛モードになり、宣言が出された都府県の飲食店を含む多くの店舗なども、しばらくの間、お店を閉じて自主的な休業に追い込まれることにもなりました。

この頃は、日本列島全体が毎日、暗いニュースで包まれ、誰もが先の見えない不安におびえる日々が続いていました。

このような状況を受けて、初めて私のお店の前からも行列が消えることになったのです。

お客様が混み合う週末などには、なんと、200メートルも続く行列ができる日もあったのに、さすがにこのような事態になると、誰もお店に来る人はいません。それは、私にとっても初めて見る光景でした。

ちなみに、まだ4月の上旬の時点では、北海道には緊急事態宣言は出されていませんでした。

そこで私は、こんな時だからこそ、スローガンのようになっていた〝STAY

ＨＯＭＥ（ステイホーム）〟を余儀なくされている７つの都府県の人たちに、何か自分にできることはないかな、と考えてみました。

もちろん、私にできることは限られていますが、この私だからこそできること、そして、この私だけしかできないことがあるのではないか、と思ったのです。

私は早速、あることを思いつきました！

それは、ショコラ・ヴォヤージュを過去のお客様に１箱ずつ贈ることでした。

まず、通信販売で昨年ショコラ・ヴォヤージュを買っていただいた方のリストから、７つの都府県に住むお客様のデータをすべてピックアップしたのです。そして、その方たち全員に、手書きのお手紙をつけてショコラ・ヴォヤージュを送付することにしたのです。

「お客様たちは今、自宅で過ごしながら、不安な気持ちで過ごしているに違いない。そんな人たちを少しでも元気づけられたらいいな！」と思ったのです。

結果的に、送付したショコラ・ヴォヤージュの数は合計で１００件以上に及んだでしょうか（実際に送付したトータルの数は数えていませんが、それくらいはあったかと思います）。

この話を知人にすると、「ショコラ・ヴォヤージュって冷凍ですよね？　送料だけでも相当かかったでしょう？」と言われたりもしました。

確かに、北海道から福岡へは冷凍の宅配便の料金だけで1件2千円以上もしますが、そのあたりのことなどは一切頭によぎることはありませんでした。

すると、数日後にはショコラ・ヴォヤージュを贈った方たちから、感謝のメールや電話、お手紙が続々と届きはじめたのです。

どなたも、突然のサプライズにびっくりされたようでしたが、暗い気持ちになりがちだった日々の中で、ちょっと気持ちが明るくなったり、小さな喜びを感じていただけたりしたようで、私自身もとてもうれしい気持ちでいっぱいになりました。

そうこうしているうちに、4月中旬になると緊急事態宣言は7つの都府県から私の住む北海道を含めたすべての都道府県に出されることになりました。そこで、私のお店も営業を縮小して自粛する運びになり、ショコラ・ヴォヤージュを過去のお客様に送付する作業もこの時点で終えることになりました。

これが、私がこの時期に、自分の心のままに従ったことでした。

もしあなたが、こんな行動を〝ちょっと非常識〟と呼ぶなら、そうなのかもしれません。

でも、これが私であり、他のやり方はできないのです。

さて、行列が一瞬消えた私のお店ですが、その後、私の方にも大きなサプライズがありました！

それは、通信販売での4月の売上げが前年比で大幅にアップしていたのです。

つまり、店頭での売上げは落ちてしまったのですが、知らない間に通販部門でそのマイナス分を大きくカバーできていたのです。

また、もともと私のお店は自宅兼店舗なので、店舗の家賃代を払うこともありません。今回、他のお店は、軒並み営業ができないのに家賃の支払いがあることで大きなダメージを受ける中、私のお店はまったく損害を受けることがなかったのです。

ちなみに、通販部門の売上げが大きく伸びたのは、日本列島が〝ステイホーム〟を強いられる中、ショコラ・ヴォヤージュだけでなく、お家で家族と一緒に作って楽しむスイーツとしてのクレープセットなどが爆発的に売れたからです。

これは、私にとって驚くべきうれしいニュースでした。

当初は、こんな結果になるとは予想もしていませんでしたが、これこそがまさに、**「与えたものは、戻ってくる」**という返報性の法則がそのまま現実になったものです。

私が尊敬してやまない故・中村天風（実業家、思想家、ヨーガ行者）さんも、次のような言葉を遺しています。

自分の成功や幸福のことよりも、
他人の成功や幸福を願い、
かつ、それに向けてまい進していけば、
いつの間にか、
自分も成功と幸福を
掌中におさめることができるのです。

この言葉にあるように、私がお客様のことを思い、損得を考えずに行動に移したことが、きちんと別の形で戻ってきたのです。

こんなふうに、私の行うことは、時にはちょっと桁外れで変わっているかもしれません。

成功を目指す人が「必ず事業で成功するぞ！」とか「大金持ちになってみせる！」などと大きな夢を持って、目標に突き進んでいくことも大事です。

けれども、中村天風さんはまた、著書『成功の実現』（日本経営合理化協会出版局）で「**どこまでもまず、人間をつくれ。そこから後が経営であり、事業である**」とおっしゃっていますが、この言葉にもあるように、すべての前に、まずは「1人のまっとうな人間である」ということ、そして、「自分らしく生きる」ということが最も大切ではないかと思うのです。

そして、ここの部分がきちんとクリアできると、成功は必ず後からついてくるものだと信じています。

私の考え方を、「ちょっと非常識だな」と思われた方へ。

そんなあなたが、本書でご紹介してきたことを「ちょっと非常識」だと思わなくなったときに、あなたはすでに勝利へのゴールに近づいているのではないかと思うのです。

そのとき、ご紹介してきた23の非常識な考え方は、あなたにとって「当たり前であり、とても常識的なこと」になっているはずです。

本書を読み終えたあなたが、いつか、大きな成功を収めることを祈って。

街の小さなケーキ屋さんができたことは、あなたにできないはずはないと信じています。

大濱史生

アンジェリック・ヴォヤージュへようこそ！

https://www.angeliquevoyage.com/

函館の港と夜景が見える小さなお店、

「アンジェリック・ヴォヤージュ」

のサイトに遊びに来てください!

Facebook
（フェイスブック）
https://www.facebook.com/profile.php?id=100033847661550

Instagram
（インスタグラム）
https://www.instagram.com/fumioohama/

最幸の財料で作る「もちもちクレープ」の季節限定メニューのご紹介や「ショコラ・ヴォヤージュ」のご案内他、通信販売も受け付けています。フェイスブックやインスタグラムでも新しい情報を随時更新中！　ぜひ、チェックしてみてくださいね。

大濱史生　(Fumio Ohama)

函館のケーキ店「アンジェリック・ヴォヤージュ」「アンジェリック北斗店」オーナー、パティシエ。1972年生。学歴なし、技術なし、お金なしの状態から独立してケーキ店、「アンジェリック・ヴォヤージュ」を開業し、函館の小さな街の片隅に行列のできるお店にまで成長させる。現在では地元だけでなく、全国から年間約20万人もの人が訪れる人気店となる。シェフとして勤務していた悩み多き時代に斎藤一人さんの一冊の本との出会い、一人さんの教えを実践することで人生を大きく好転させる。以来、一人さんを勝手に心の師匠と決めている。お菓子・ケーキの業界では、ひとつの商品をヒットさせるのも困難な中、いくつものヒット商品を生み出してきた。ケーキ作りの楽しさを伝えるために、盲学校や聾(ろう)学校などで食に関する講演活動なども行う。著書に『行列のできる奇跡のケーキ屋さん 資金ゼロから人気店として成功するための8つの秘密』(信長出版)。

https://www.angeliquevoyage.com/index.html

行列のできるケーキ屋さんが教える
非常識な思考法

2020年 9 月25日　　第1刷発行

著　者　　大濱 史生
発行者　　杉浦 由和
編　集　　西元 啓子
校　閲　　野崎 清春
DTP　　株式会社三協美術
装　丁　　井上 新八

発　行　　信長出版
〒160-0023
東京都新宿区西新宿７丁目４－７イマス浜田ビル5階
info@office-nobunaga.com

発　売　　サンクチュアリ出版
〒113-0023
東京都文京区向丘2−14−9
TEL 03-5834-2507

印刷・製本　　株式会社光邦

ISBN978-4-86113-769-3 Printed in Japan